AF438679

# MALADIES DU PORC

# MALADIES DU PORC

PAR

## G. MOUSSU

PROFESSEUR A L'ÉCOLE VÉTÉRINAIRE D'ALFORT
DOCTEUR EN MÉDECINE, DOCTEUR ÈS SCIENCES

Avec 76 figues (dont 4 en couleurs) et 9 planches
en chromo-typographie.

PARIS

## ASSELIN ET HOUZEAU

LIBRAIRIE DE LA SOCIÉTÉ CENTRALE DE MÉDECINE VÉTÉRINAIRE

PLACE DE L'ÉCOLE-DE-MÉDECINE

1917

# PRÉFACE

Cet ouvrage devait paraître en octobre 1914. La guerre en a retardé la publication.

Un effort considérable sera nécessaire pour la reconstitution du troupeau porcin actuellement affaibli de près de moitié de son effectif normal (7.035.850 têtes en 1913 — 4.448.366 au 1<sup>er</sup> juillet 1916).

Il exigera, pour limiter les pertes d'élevage au minimum possible, une attention d'autant plus soutenue que l'intérêt en jeu sera plus grand, la viande de porc ayant atteint des prix inconnus jusqu'à ce jour.

Si cette publication contribue à faciliter la tâche des vétérinaires praticiens et des éleveurs, elle aura atteint son but.

G. Moussu.

# MALADIES DU PORC

## LES MALADIES DU PORC

L'élevage du porc représente l'une des sources de richesse de la ferme. L'alimentation de cette espèce domestique est peu coûteuse, la vente en est facile, l'utilisation constante. La viande de porc et le lard salés forment les réserves utilisables tous les jours, en tout temps, lorsque tout le reste fait défaut.

Le cochon est l'animal indispensable à toute exploitation agricole. Son élevage en France est généralement prospère; lorsqu'il n'y a que quelques sujets entretenus en commun, les maladies se montrent rares et peuvent être considérées comme purement accidentelles.

Lorsque l'exploitation se borne à l'entretien d'un seul sujet, on n'a pour ainsi jamais à s'occuper de son état de santé si l'alimentation est convenable.

Dès que l'entretien se fait plus en grand, dès qu'on pratique l'élevage proprement dit, c'est-à-dire la production des jeunes, les maladies sont beaucoup plus à redouter.

Les porcelets, comme les jeunes sujets de toutes les espèces, paient parfois un très lourd tribut aux maladies, soit du fait d'un élevage réalisé dans de mauvaises conditions hygiéniques, soit du fait d'un sevrage mal exécuté ou encore d'une alimentation mal combinée.

Mais ce sont là des maladies connues, auxquelles il est assez facile de remédier par une surveillance plus étroite et par des soins plus éclairés et plus attentifs.

Au contraire, lorsqu'il s'agit de l'élevage en grand, tel qu'on le voit pratiquer dans certaines régions comme le Périgord, l'Auvergne, la Sologne et la Bretagne, ou encore lorsqu'il s'agit d'exploitations industrielles telles que celles qui sont annexées aux grandes laiteries, beurreries et fromageries, ce ne sont plus des maladies accidentelles que l'on voit surgir, mais trop souvent des maladies infectieuses et contagieuses.

Il se passe alors ce qui se passe partout lors de grandes agglomérations, quelle qu'en soit l'espèce ; les maladies prennent un caractère d'intensité et de gravité que l'on ne rencontre jamais sur les sujets isolés ; les pertes peuvent devenir considérables.

Si, par exception, ces mêmes maladies contagieuses se développent sur des sujets isolés ou sur de petits élevages, leurs méfaits restent toujours très limités, parce que le champ d'expansion de la maladie est de lui-même circonscrit tout de suite.

Ce sont là les avantages de la petite propriété et les inconvénients des grandes exploitations agricoles ou industrielles. Les éleveurs ne peuvent s'y soustraire de façon absolue, mais il leur est permis tout au moins de chercher à les éviter dans la mesure du possible et d'en limiter les effets néfastes lorsqu'ils se trouvent en présence de maladies déclarées.

L'étude des maladies de l'espèce porcine était un peu délaissée autrefois, à une époque où le prix de la viande de porc était relativement faible, par comparaison avec celui de la viande de bœuf ou de mouton. Mais les conditions de l'évolution économique de nos pays d'Europe ont profondément changé depuis une quinzaine d'années ; les animaux de la ferme ont pris une valeur autrefois inconnue, d'où la nécessité d'éviter les pertes de toute nature.

J'ai consigné dans ce livre les résultats d'une expérience personnelle de vingt ans, et le fruit des recherches entreprises par tous ceux qui ont étudié plus spécialement

les maladies du porc ; j'ai le ferme espoir de rendre ainsi
service à la profession vétérinaire et à l'élevage.

## Porcheries.

Dans les petites exploitations rurales, les porcheries
n'existent pas le plus ordinairement, et les logements
réservés aux cochons sont pour la majorité absolument

Fig. 1. — Vue d'ensemble d'une moitié de la porcherie d'Alfort.

défectueux à tous points de vue : installation, aération,
propreté, etc. Néanmoins il est assez rare qu'il en résulte
de bien gros inconvénients, parce que les animaux
vivent isolés ou en petits groupes, et que les causes et les
chances d'infection ou de maladies sont peu nombreuses. .
Dans les grandes exploitations agricoles et industrielles,
les installations sont au contraire, le plus souvent, très bien
conditionnées au point de vue économique sinon hygiénique, et cependant c'est là que les maladies se développent

avec le plus de facilités, comme conséquence de l'agglomération.

D'ailleurs, ce qui paraît parfois parfait au point de vue de l'hygiène, ne l'est pas toujours au sens strict du mot, tant s'en faut. C'est ainsi, par exemple, que des logements cimentés de haut en bas, faciles à laver et à désinfecter, ont le gros inconvénient de toujours rester humides,

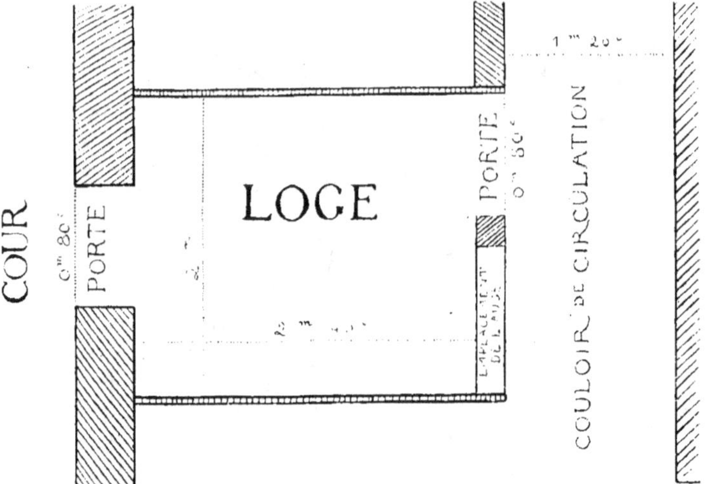


Fig. 2. — Détails d'installation d'une loge.

mouillés et froids, et de se montrer inférieurs à ceux dont le sol est carrelé, briqueté (carrelage et briquetage cimentés) ou bitumé, avec cloisons briquetées légères.

De même, les grandes porcheries industrielles, d'élevage ou d'engraissement, sans plafonds, sont parfois extrêmement froides durant les hivers rigoureux, ce qui est toujours fort préjudiciable à la santé des effectifs et des jeunes sujets plus particulièrement.

En principe, il faudrait que les logements affectés aux cochons puissent être nettoyés, lavés, désinfectés, assainis, aérés, ventilés et réchauffés sans difficultés, selon les besoins et les circonstances, qu'ils puissent être toujours maintenus à une température moyenne de 15° à 22°, quelles que puissent être les variations extérieures. Ce ne sont pas là toutes choses faciles à concilier, aussi faut-il s'en tenir à ce qui est économiquement réalisable selon les pays, les localités et les conditions de milieu.

Il est utile de savoir toutefois que les logements destinés aux porcs dégageant en permanence de mauvaises odeurs, ces logements, dans l'installation de la ferme, doivent être aussi éloignés que possible de la maison d'habitation,

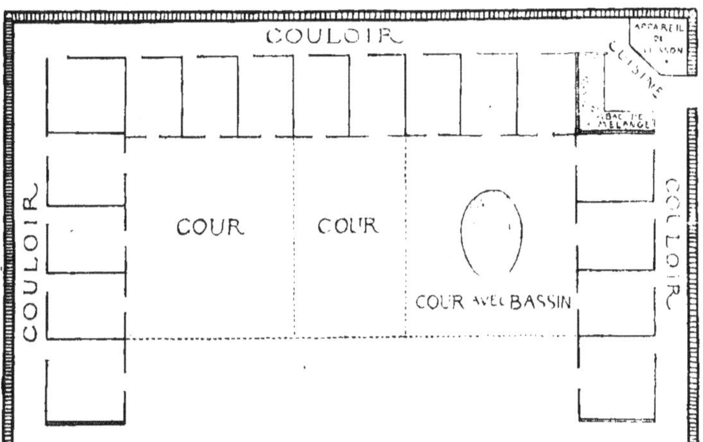


Fig. 3. — Plan de la porcherie de l'école d'Alfort.

et toujours placés sous les vents dominants de la région, ce qui en éloigne les émanations.

Il est impossible de fixer d'une façon absolue les règles qui doivent présider à la construction de ces logements; ces règles varient selon l'importance de l'élevage, les ressources dont on dispose et le milieu.

Les logements les plus simples peuvent être représentés par des cases carrées ou rectangulaires, qui doivent avoir au moins 2 mètres de côté, de préférence 2$^{m}$,50, et qui peuvent abriter plusieurs jeunes sujets à l'engrais, le nombre de ces sujets diminuant en même temps que l'augmentation de taille, de volume et de poids.

Pour l'élevage des jeunes, il est préférable de donner à

la mère une loge spacieuse de $2^m,50$ à 3 mètres de côté ; cela évite bien des accidents de blessures et d'écrasement chez les petits.

Nombre de loges et même de grandes porcheries sont dépourvues de plafond, ce qui les expose aux grandes variations thermiques de l'extérieur, lorsque l'effectif n'est pas assez élevé pour maintenir une chaleur suffisante durant l'hiver. C'est un grand tort, car les cochons aiment à être protégés des grands froids comme de la trop grande chaleur.

Quel que soit le modèle d'installation de la porcherie, il faut qu'elle puisse être largement aérée, au besoin ventilée par des fenêtres ou vasistas durant l'été, protégée contre les grands froids des hivers par l'installation provisoire d'un plafond paillé (paille de litière) qui forme matelas isolant et atténue le refroidissement.

Les grandes porcheries à loges multiples peuvent être disposées de façons très variées : les loges se trouvant réparties sur un rang, deux rangs ou quatre rangs ; mais, pour la facilité du travail d'alimentation et de nettoyage, il importe qu'il y ait dès lors des couloirs de circulation plus ou moins larges selon l'importance de l'élevage et du travail à effectuer.

Dans les belles porcheries, des cours sont annexées aux loges afin de permettre aux animaux de sortir durant les bonnes heures de la journée. Cette disposition est nécessaire pour les sujets d'élevage, pour les petits surtout, moins utile pour les sujets d'engrais. A défaut de cour, les jeunes peuvent être mis en liberté en plein air ou en plein champ. Dans les exploitations industrielles annexées aux laiteries, fromageries, etc., ce serait presque une impossibilité.

Chaque loge doit être pourvue d'une auge de dimensions en rapport avec l'âge et le nombre des animaux :

Pour les jeunes porcelets, on utilise de préférence les auges circulaires mobiles ; pour les adultes, il faut des auges fixes en pierre, en briques cimentées, en fonte, etc. Dans de trop nombreux cas, les auges sont à l'intérieur des loges, sans communication directe avec l'extérieur ou les couloirs de circulation ; pour les remplir, il faut pénétrer dans les loges. C'est une disposition défectueuse qui gêne le travail ; il est infiniment préférable qu'elles soient placées du côté du couloir de circulation ou du côté de la cour et que l'on puisse y distribuer les rations sans être gêné par la présence des animaux. Il suffit pour cela que les auges soient à volets mobiles, se fermant vers l'intérieur et vers l'extérieur, ce qui permet de les nettoyer facilement. La disposition extérieure avec entonnoir, suivant le modèle fréquemment adopté en Angleterre, est commode pour la distribution des aliments, mais a aussi le gros inconvénient de ne pas permettre le nettoyage.

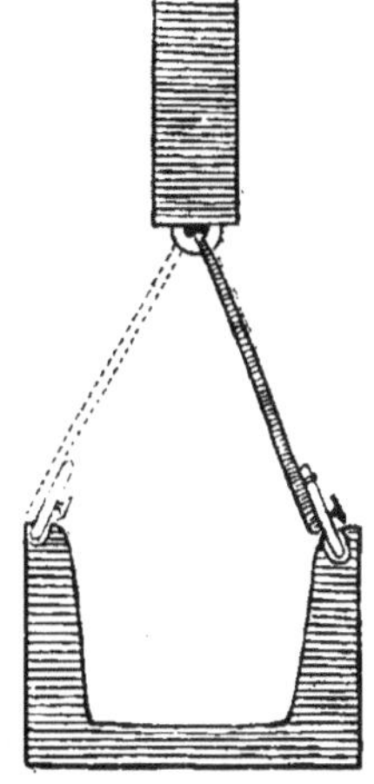

Fig. 4. — Auge à volet mobile.

Ce système avec entonnoir peut être adapté aux auges à volets.

Le sol doit être disposé en pente douce pour que l'écoulement des urines puisse se faire à l'extérieur sous les portes, vers un caniveau collecteur.

La préparation des aliments doit se faire autant que possible dans une pièce annexe de la porcherie, ce qui réduit au minimum le transport des rations. Cette cuisine doit avoir un accès direct à l'extérieur pour faciliter l'apport des matières premières. Elle doit contenir un appareil de cuisson, une arrivée d'eau et de grands récipients de mélange. Il y a toujours utilité à faire la distribution de rations tièdes, quelle que soit la saison.

## Du choix et de l'utilisation des truies
## de reproduction, chaleurs, gestations.

Les jeunes truies non castrées, bien nourries, élevées en vue de la reproduction, présentent des chaleurs précoces, dès l'âge de trois mois et demi à quatre mois. Elles se traduisent par de l'agitation, des grognements continus, de la perte d'appétit et une excitation générale assez préjudiciable à l'accroissement. Ces chaleurs peuvent durer deux et trois jours ; elles réapparaissent régulièrement toutes les trois semaines s'il n'y a pas eu fécondation, d'où cette conséquence, très nettement appréciable à six et huit mois, que les femelles non castrées ont toujours un développement et un état d'engraissemènt moins satisfaisants que les femelles castrées de même origine et entretenues de la même façon.

Comme des gestations prématurées seraient à la fois préjudiciables au bon développement de conformation générale des mères et à la qualité des produits, il est d'usage de ne faire couvrir les truies que vers l'âge de sept à huit mois ou même un an, selon le but que l'on poursuit ; à cet égard, l'éleveur est seul juge de l'appréciation du bon développement de ses animaux et de l'opportunité de les utiliser un peu plus tôt ou un peu plus tard.

Les truies sont laissées en liberté avec le verrat dans un enclos de quelques mètres de côté et retirées aussitôt après la saillie.

Suivant les résultats obtenus à la mise-bas, après une ou deux gestations successives, les truies sont conservées ou au contraire réformées de la reproduction. Il en est en effet qui sont mauvaises mères ou d'un rendement insuffisant, et, quelles que soient les qualités de conformation préalable, il ne faut conserver que les plus productrices.

Sous le rapport du nombre des produits, il y a des variations fort étendues, depuis cinq à six petits par portée jusqu'à douze ou quinze, très exceptionnellemment plus.

Le chiffre varie peu dans les portées successives. Les femelles de croisements sont, d'une façon générale, plus prolifiques que les femelles de races pures. Il ne faut conserver pour la reproduction que les plus prolifiques, celles qui donnent de sept à dix petits au moins ; et la moyenne minima d'ensemble sur laquelle il y a lieu de compter dans un élevage lucratif doit être d'au moins sept sujets par portée.

Il existe, d'autre part, des femelles très prolifiques, mais qui sont indociles, turbulentes, méchantes, qui mangent leurs petits, qui les écrasent par maladresse et inattention.

Ces défauts ne se corrigent guère avec le temps, et c'est pourquoi il y a lieu de faire une sélection parmi les femelles utilisées, pour ne conserver que celles qui donnent satisfaction à tous points de vue. Les bonnes truies doivent être douces, tranquilles, non peureuses, facilement abordables pour les personnes habituées à leur donner des soins, attentionnées pour leur progéniture.

Les bonnes bêtes de reproduction et bonnes nourrices peuvent faire deux portées par an. La durée moyenne de la gestation est de quatre mois, ou plus exactement de trois mois, trois semaines et trois jours, soit cent quatorze jours. Les écarts sont peu étendus ; la durée minima d'une gestation normale chez la truie est de cent neuf jours ; sa durée maxima de cent vingt jours.

Le sevrage des petits peut être fait à partir de l'âge de quatre à cinq semaines ; les chaleurs reparaissent très vite, de telle sorte que la truie peut être fécondée à nouveau quelques semaines après, c'est-à-dire environ six mois après la fécondation précédente, ou deux mois après la mise-bas.

Il n'y a lieu toutefois d'agir de la sorte que si les bêtes en question sont en assez bon état général, si elles n'ont pas été trop affaiblies par une lactation intense nécessaire à une progéniture trop nombreuse. Dans le cas contraire, il vaut mieux attendre quelques semaines.

Les bonnes mères et bonnes nourrices peuvent être

gardées durant plusieurs années, sous la seule condition de surveiller leur état général et d'espacer les gestations selon les nécessités du moment. Il n'y a jamais aucun avantage à les conserver au delà d'une certaine limite, parce qu'il serait difficile d'en tirer parti ultérieurement. On ne peut fixer l'âge auquel elles doivent être réformées, puisque cela dépend d'une foule de circonstances qui ne peuvent être appréciées que par les intéressés eux-mêmes, c'est-à-dire les propriétaires ; mais, d'une façon générale, on peut fixer cette limite à cinq ans.

Les truies réformées, jeunes ou âgées, s'engraissent avec beaucoup plus de facilité et exigent, par suite, des dépenses moindres lorsqu'elles sont castrées.

L'opération en elle-même est certainement plus délicate que celle effectuée sur les jeunes bêtes, parce que les ovaires sont très gros, mais elle est de pratique courante et donne d'excellents résultats. L'engraissement des bêtes non castrées est parfois assez difficile.

## Mise bas. — Allaitement. — Sevrage.

La mise bas ou accouchement chez les truies donne exceptionnellement lieu à des difficultés. Les petits sont nombreux, de volume restreint, par rapport aux dimensions du bassin de la mère, et l'expulsion se fait rapidement. La durée moyenne d'un accouchement chez une truie est de deux à trois heures, bien rarement d'une demi-journée.

Cette mise bas doit être surveillée par la personne habituée à donner des soins ; les petits seront séchés immédiatement, et il importe que nulle personne étrangère ne vienne, par sa présence inopportune, donner de l'inquiétude à la parturiente ; cela pourrait suffire à amener des insuccès.

La délivrance se fait de même avec régularité ; elle doit être surveillée elle aussi, et les masses des enveloppes doivent être rejetées aussitôt pour éviter que les truies ne cherchent à les manger comme elles en ont la tendance naturelle. Ce n'est pas que cette habitude, qui se voit chez les femelles sauvages, puisse avoir une influence malfaisante quelconque, mais il semble que les truies qui dévorent le délivre aient plus de tendance aussi à manger leurs petits. C'est là un fait d'observation qui justifie les précautions sus-indiquées, ou qui doit même faire enlever les petits, momentanément tout au moins, s'il y en a eu un ou plusieurs de tués ou de mutilés.

Il se produit, chez les truies qui tuent ou mangent leurs petits, un fait d'aberration de l'instinct maternel, qui se voit aussi chez les femelles d'autres espèces, en particulier chez les chiennes, les chattes et les lapines. Les truies qui ont ce grave défaut ne doivent pas être conservées comme reproductrices ; les petits doivent leur être enlevés aussitôt la naissance, pour n'être remis ensuite que pour les tétées et sous la surveillance de la personne chargée des soins de ces animaux. Cette surveillance doit être exercée pendant quelques jours, après quoi le danger n'existe plus.

Au moment de la naissance, les petits sont parfois très faibles, il y a lieu de leur faciliter les premières tétées en les mettant en place, ce qui est commode lorsque les mères sont tranquilles et n'ont pas de mouvements trop brusques.

Il y a généralement autant de mamelons développés que de petits ; lorsqu'il n'en est pas ainsi, il serait utile de séparer temporairement quelques jeunes gorets pour éviter les luttes entre ces petits, ce qui est toujours préjudiciable à leur développement.

Les petits gorets s'élèvent très facilement au biberon ; certains éleveurs préfèrent nourrir de cette façon les sujets qui sont en surplus du nombre de mamelons. Des chèvres acceptent très volontiers aussi de jouer le rôle de nourrice, même à l'égard des petits cochons.

Il peut arriver encore, lors de la mise bas et durant les jours suivants, que la nourrice n'a pas ou peu de lait, bien que les mamelles soient dures, tendues et comme congestionnées. C'est un état très fréquent chez les truies ; il est ordinairement la résultante du régime alimentaire imposé, et il peut avoir les plus graves conséquences pour les petits. Pour l'éviter, il est toujours utile, avant la mise bas, de faire des onctions huileuses à la surface de tous les mamelons et de continuer ces applications durant plusieurs jours. Les tissus prennent ou reprennent de la souplesse ; la mamelle est moins turgide, la lactation s'établit sans difficultés.

Il est indispensable, d'un autre côté, de veiller à ce que les femelles sur le point d'accoucher ne soient pas constipées, échauffées, suivant l'expression usitée en élevage, leur régime alimentaire doit être établi en conséquence, durant les huit ou quinze jours qui précèdent. Ce régime doit comporter des aliments dits rafraîchissants ou laxatifs, c'est-à-dire l'usage de racines fourragères, d'herbe tendre ou verdure (jeune luzerne, choux, carottes, betteraves), la distribution de farine d'orge, de pommes de terre cuites, de petit-lait, de son, de graine de lin, tous aliments ayant un rôle modérément laxatif. Il faut proscrire pour cette époque l'emploi des résidus industriels et des grains crus ou cuits : avoine, seigle, maïs, tourteaux, résidus variés, etc. Cette alimentation, dite rafraîchissante, doit être prolongée durant la période de lactation et d'allaitement, durant les premières semaines tout au moins, car il est très certain qu'elle a un retentissement sur l'abondance et la qualité du lait, ainsi par suite que sur l'état de santé des porcelets.

Dans des circonstances assez exceptionnelles, il faut recourir à l'emploi des laxatifs médicamenteux, pour la mère naturellement, si le régime ne suffit pas à donner le résultat cherché. L'administration de la crème de tartre ou du sulfate de soude, aux doses quotidiennes de 10, 15 ou 20 grammes dans les rations, suffit toujours.

Si, au contraire, il y avait diarrhée chez les mères, il faudrait administrer du sous-nitrate de bismuth aux doses de 5 à 10 grammes par jour, du phosphate de chaux aux doses de 10 à 30 grammes et au besoin du laudanum aux doses de 10 à 20 gouttes.

Dès l'âge de trois semaines, les petits porcelets cherchent à manger et vont volontiers chercher des aliments dans l'auge avec la mère. Cette tendance est excellente, elle correspond ordinairement à une diminution de la quantité de lait chez la nourrice ; les petits se développant davantage, deviennent plus exigeants, il est parfaitement indiqué de leur donner un supplément de ration si l'on veut avoir de beaux animaux.

La mère se trouve soulagée d'autant ; son amaigrissement est moindre, les petits ne s'en portent pas plus mal, au contraire. Dès cette époque donc, et dès que l'on voit les porcelets avoir de la tendance à manger, il est bon de distribuer à la mère des aliments très dilués, tièdes, et assez fortement additionnés de lait. Au bout de quelques jours, on sépare la mère des petits durant plusieurs heures d'abord ; et, durant ce temps, on leur distribue dans des augettes *ad hoc* du lait normal coupé d'eau ou du lait écrémé.

Peu de temps après, on les alimente plus régulièrement ; on les sépare de la mère définitivement, et on ne les lui redonne que matin et soir, puis ensuite une fois par jour ; de telle façon que vers la fin de la cinquième semaine, le sevrage soit définitif.

Cette manière de procéder n'a évidemment rien d'absolu ; le sevrage peut à la rigueur se faire plus tôt, vers la fin de la quatrième semaine, ou plus tard, à l'âge de six semaines. Tout dépend des conditions de milieu, des ressources dont on dispose, de l'état de la mère, etc.

L'alimentation des petits après le sevrage doit être l'objet de soins attentifs, si l'on veut avoir des sujets robustes, résistants et de belle croissance. Le lait additionné d'autres aliments : lait dilué, lait écrémé, lait de barattage, petit-lait, additionnés de farine d'orge, de pommes de terre cuites, de débris de cuisine, représente la meilleure nourriture que l'on puisse distribuer. Les jeunes animaux restent en bon état d'embonpoint, se développent avec régularité, et, vers l'âge de deux mois, il est déjà possible de faire le choix des sujets qui seront conservés pour l'élevage puis de mettre de côté ceux qui seront destinés dès ce moment à l'engraissement. Ces derniers devront tous être castrés, à moins que l'on ne veuille garder les plus beaux pour faire une nouvelle sélection à l'âge de trois mois.

Il est possible d'élever des porcs après sevrage, sans avoir de lait comme base de la ration, mais c'est évidemment moins facile. Les eaux grasses, les résidus de cuisine, les bouillies de farines variées peuvent suppléer, en ne donnant d'ordinaire cependant que des sujets moins beaux.

Au delà de trois mois, l'alimentation peut varier énormément selon le but que l'on se propose, selon les ressources emmagasinées et les sacrifices que l'on peut faire pour l'alimentation.

C'est à partir de cet âge, en effet, que l'on peut vraiment imposer le régime de l'élevage au grand air, à l'herbage, pour ne poursuivre l'engraissement que plus tard ; ou bien faire l'engraissement intensif immédiat avec des farineux ; ou bien enfin faire l'engraissement avec les résidus industriels. Il n'y a plus même de règle générale à poser, et c'est aux producteurs à orienter leur élevage d'après leurs ressources.

C'est ainsi que, pour l'élevage intensif rapide, permettant de livrer à la boucherie à six à sept mois, on donne du lait et des farineux ou des grains cuits (orge, seigle, maïs, manioc, drêche, tourteaux, etc.), ou bien des eaux grasses et des bouillies farineuses cuites à discrétion ; que dans les porcheries annexées aux beurreries, on distribue le lait écrémé plus ou moins dilué, mélangé à des farines de maïs, de riz, de manioc, etc. ; que, dans les porcheries annexées aux fromageries, on distribue le sérum de lait à profusion, mélangé aux farines précédentes, etc.

Dans les exploitations agricoles ordinaires, l'alimentation est plus variée, et la qualité de la viande produite est certainement meilleure que dans les cas précédents. Les sous-produits du lait (lait caillé, lait écrémé, babeurre, sérum de lait, etc.), les eaux grasses, les résidus de cuisine, les pommes de terre, des farines variées, des légumes de jardin, des betteraves et carottes fourragères, des choux, du seigle vert, de la luzerne, de l'herbe tendre, des grains crus ou cuits, des glands, des châtaignes, etc., sont distribués en quantité variable selon l'âge, la taille et le poids des sujets.

Pour tous ces cas de·l'élevage à la porcherie, le régime alimentaire doit être à relation nutritive très large, durant ce que l'on appelle la période de croissance, c'est-à-dire de trois à sept ou huit mois. Les aliments doivent être moins riches et moins concentrés que pour des sujets à l'engrais proprement dit. C'est à cette période que l'emploi de la verdure, des racines fourragères et des farineux très délayés, doit être conseillé ; les animaux grandissent, font de l'os et de la viande, mais pas de graisse ; ils doivent être en état d'embonpoint suffisant, sans excès. Il est indispensable, durant cette période, de leur donner de la liberté dans des enclos spéciaux ou dans des cours de ferme ; les mouvements facilitent leur développement général.

S'ils sont poussés de façon intensive dans le repos absolu, ils se chargent de graisse de très bonne heure et donnent relativement peu de viande.

Leur utilisation commerciale est toujours assurée, mais elle répond à des besoins spéciaux, principalement dans les villes.

### Le régime de la pâture.

L'alimentation à la pâture est fort économique lorsqu'elle peut être pratiquée : soit qu'il s'agisse du séjour en pâture naturelle, comme cela se fait couramment en Normandie ; soit en pâture artificielle, comme dans la Sarthe, la Mayenne, le Berry, la Sologne, etc. Les tréflières à trèfle rouge, violet, ou à trèfle blanc, sont celles qui conviennent le mieux, elles sont préférables aux sainfoins ou aux luzernes, dans notre pays tout au moins. Elles sont aussi très utilisées en Allemagne.

Les porcelets ne peuvent accompagner les mères qu'assez longtemps après le sevrage, vers l'âge de trois mois environ.

Les truies nourrices doivent rester à la porcherie durant les premières semaines qui suivent la mise bas, et ce n'est que vers la fin du premier mois qu'elles peuvent être conduites au dehors et ramenées seulement pour les tétées.

Le régime du pâturage facilite le développement sans pousser à la graisse; les animaux prennent de l'ampleur, de la taille, du poids et se trouvent admirablement préparés pour la période d'engraissement qui doit terminer leur carrière. Selon les années, selon la température, l'état de la végétation des prairies, il peut être pratiqué dès la deuxième quinzaine d'avril ou la première quinzaine de mai, et se prolonger jusqu'en fin d'automne.

Selon les ressources du pâturage, les animaux peuvent être laissés des temps variables au dehors matin et soir, ou matin, midi et soir, et quelquefois une bonne partie de la journée. Comme pour les autres animaux de la ferme, il est nécessaire de limiter les parcours et de ne pas accorder liberté absolue, sans quoi il y aurait du gaspillage, ce qu'il faut éviter. Il est utile encore, lorsque la ration suffisante a été absorbée, de ne pas laisser les cochons fouir les sols, ce qui est préjudiciable aux prairies artificielles surtout ; alors que dans des terrains de labours où l'on a fait des récoltes de pommes de terre, de betteraves, de raves, de topinambours, il n'y a au contraire que des avantages. Tout dépend des ressources des pâtures qui leur sont offertes ; mais, la ration prise, ils doivent être remis à la porcherie.

L'alimentation herbacée peut aussi d'ailleurs être avantageusement pratiquée à la ferme, avec des fourrages verts fraîchement récoltés, et bien souvent alors on la complète avec des farineux, des tourteaux, etc., selon le but poursuivi. L'eau de boisson doit toujours être laissée en abondance à la discrétion des animaux.

Le régime de la prairie naturelle ou artificielle est excellent pour les truies de reproduction, qui doivent être maintenues en bon état sans être grasses. Les chaleurs sont alors plus régulières et la fécondité plus grande.


## De la castration.

### CASTRATION DU VERRAT ET DU PORCELET

Pour la castration, le verrat adulte doit être couché sur le côté gauche, solidement entravé et immobilisé, trois membres réunis (fig. 5).

La castration peut être faite avec les casseaux, par torsion bornée à testicules couverts, ou par torsion bornée à testicules découverts.

La castration par les casseaux se pratique comme pour le cheval, avec des casseaux spéciaux plus petits. Elle donne de bons résultats chez les verrats âgés. Le sujet à opérer est immobilisé sur le sol, maintenu par des aides vigoureux ; l'opérateur se place vers la région dorsale, refoule les testicules vers le fond des bourses, les saisit et les immobilise successivement avec la main gauche, et de la main droite incise la peau suivant le tracé en pointillé. Le testicule recouvert de sa gaine vaginale est isolé, le casseau est appliqué sur le cordon à quelques centimètres au-dessus et fortement serré.

Les testicules des verrats âgés étant toujours volumineux et fort lourds, il y a utilité à les enlever après l'application des casseaux ; à cet effet, la gaine vaginale est incisée et le testicule extirpé par section du cordon à 2 centimètres au-dessous du casseau.

La castration par torsion bornée à testicules et cordons couverts donne aussi d'excellents résultats ; mais elle est assez difficile chez les sujets de grande taille et exige l'emploi de clamps ou grosses pinces spéciales.

La castration à testicules découverts, par torsion bornée

du cordon, est plus commode, mais il faut toujours éviter de distendre le cordon au cours des manipulations, car l'artère testiculaire se rupture facilement et pourrait donner une hémorragie pelvi-abdominale mortelle. L'opéré doit être très solidement immobilisé et, dès que les pinces à torsion sont en places, j'ai l'habitude, pour mon compte, de faire aussitôt l'ablation du testicule, pour éviter l'acci-

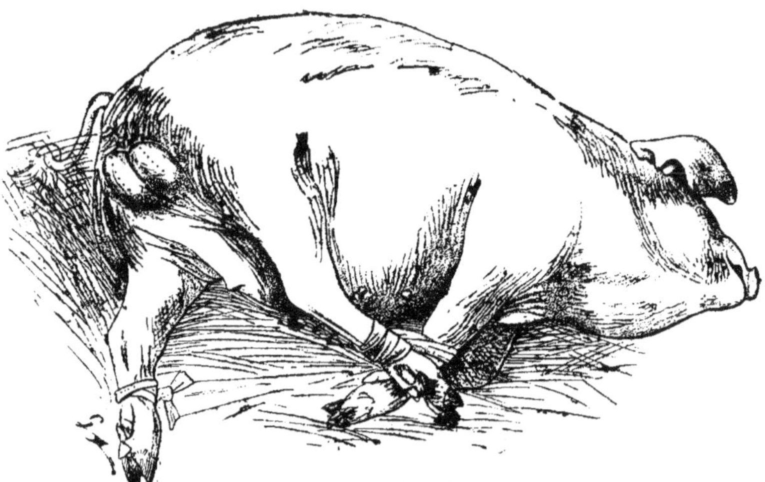

Fig. 5. — Castration du verrat.

dent mentionné ci-dessus. La torsion se termine sans difficultés.

Comme les opérés ont de la tendance à s'asseoir dans les litières, j'applique toujours, après ablation des testicules, un drainage sous-cutané à la gaze iodoformée, que l'on retire le troisième ou le quatrième jour.

Chez le porcelet, les choses sont plus simples : le sujet est immobilisé en position décubitale sur le côté gauche, le membre postérieur gauche maintenu en extension, le membre postérieur droit ramené vers l'épaule droite.

Les testicules sont immobilisés successivement de la main gauche, pendant que, de la droite, d'un seul coup de bistouri, on en pratique l'énucléation, l'incision devant du même coup sectionner la peau, les tissus sous-cutanés et la gaine vaginale.

L'ablation se fait par torsion avec des pinces à forci-

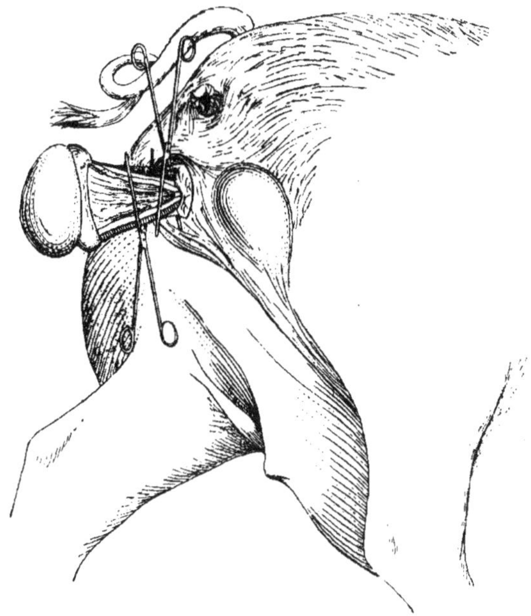

Fig. 6.

pressure placées à 2 centimètres l'une de l'autre, la première jouant le rôle de pince limitative (fig. 6).

Beaucoup de châtreurs pratiquent cette torsion à la main, la gauche pinçant le cordon entre le pouce et l'index (pince limitative), la droite faisant la torsion par l'intermédiaire de l'index engagé entre le canal déférent et le corps du testicule (fig. 7).

Si l'on veut éviter les deux incisions, il est parfaitement logique de n'en pratiquer qu'une seule, sur le raphé médian. L'intervention comprend alors : 1º une incision sur le raphé médian, proportionnée aux dimensions des testicules ; 2º un coup de bistouri vers la gaine vaginale inférieure permettant l'énucléation du testicule situé en dessous ; 3° un coup de bistouri vers la gaine vaginale supérieure pour l'énucléation du testicule du dessus. La manœuvre de torsion est absolument identique, mais il ne reste qu'une plaie cutanée, ce qui diminue les chances d'infection secondaire.

L'opération se termine par l'application d'un ou deux points de suture, ou, ce qui est plus simple, l'application

Fig. 7.

d'une ou deux agrafes métalliques. Nombre d'opérateurs ne placent même pas de suture.

Chez les tout jeunes porcelets, la même intervention peut être faite exactement par les mêmes procédés, avec testicules couverts, ce qui est encore préférable.

Le procédé d'immobilisation des sujets à opérer peut lui-même varier, de différentes façons, au gré de l'opérateur.

### Castration des cryptorchides.

La cryptorchidie est assez fréquente chez le porc ; elle a de très réels inconvénients au point de vue économique, parce que la viande a une odeur spéciale très prononcée, et parce qu'après cuisson, elle conserve parfois un goût qui la rend immangeable. La cryptorchidie peut être un motif de saisie, la viande n'étant pas marchande.

Dans la cryptorchidie vraie, les deux testicules sont restés dans le ventre, elle est rare, mais la monorchidie, c'est-à-dire la présence d'un seul testicule dans le ventre est fréquente.

Pour la castration du verrat cryptorchide, l'opérateur fixe l'animal sur le côté, puis fait une incision verticale de 10 ou 12 centimètres dans la région du flanc. Il explore la cavité abdominale avec les doigts, au besoin, avec la main, et extrait le testicule après ligature du cordon, ou par l'écraseur. Si l'opération a été faite aseptiquement, il ne survient pas d'accidents.

Chez le porcelet, Gavet recommande d'opérer comme pour la truie.

Chez le porc adulte, il recommande une incision de 10 à 15 centimètres, à droite ou à gauche du fourreau et parallèlement à celui-ci à deux travers de doigt en dehors.

*
* *

*Accidents de castration*. — La castration des porcelets et des verrats est une opération des plus simples ; il est exceptionnel qu'il y ait des complications. Si cependant les opérés étaient immédiatement placés sur des litières très sales, il se pourrait qu'il y eût infection variée des plaies de castration.

Les accidents consécutifs possibles sont : 1º l'abcès local résultant de l'infection de la plaie opératoire par des microbes pyogènes ; 2º l'engorgement inflammatoire érysipélateux qui est la conséquence d'une infection spécifique ; 3º le tétanos.

L'*abcès* se développe lentement dans la quinzaine ou durant les semaines qui suivent l'intervention ; les opérés se développent moins bien, sans toutefois qu'il y ait de signes alarmants. La plaie cutanée se cicatrise, et à l'emplacement des bourses, il se développe une tuméfaction modérément fluctuante de volume fort variable.

On penserait à première vue que le sujet n'a pas été castré, ou qu'il n'a été castré que d'un côté.

Le diagnostic de cette complication est très facile, il peut être confirmé par une ponction exploratrice avec un trocart de petites dimensions. Dans certains cas, il y a formation de gaz putrides dans la cavité de l'abcès.

Une ponction avec large débridement inférieur et des lavages antiseptiques amènent toujours une rapide guérison.

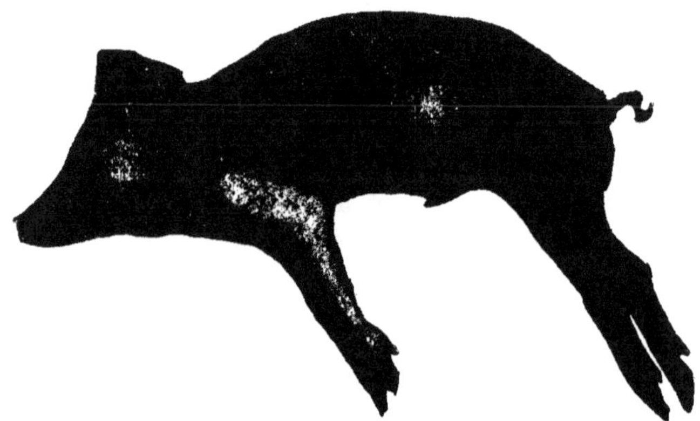

Fig. 8. — Tétanos.

L'*engorgement érysipélateux* se traduit, dans les jours qui suivent la castration, par de la tuméfaction, de la rougeur et de la sensibilité des régions avoisinantes, avec tendance à l'expansion excentrique. Cet engorgement a l'allure de la gangrène traumatique.

Le diagnostic s'impose au simple examen ; le pronostic est généralement bénin.

Le traitement doit viser à la désinfection de la plaie, qui sera détergée et pourvue d'un tamponnement à la **gaze** iodoformée si l'application en est possible. Des pointes de feu pénétrantes seront appliquées dans l'engorgement, sur lequel on fera ensuite une application d'une pommade antiseptique.

Le *tétanos* de castration, chez le porc, doit être considéré comme d'une extrême rareté ; cependant j'ai vu apporter à plusieurs reprises à la clinique d'Alfort des sujets opérés au dehors et qui avaient contracté le tétanos dans les dix à quinze jours qui avaient suivi l'opération. Dans tous les cas, ces opérés avaient séjourné dans des écuries avec des chevaux.

La forme clinique relevée a toujours été le tétanos aigu, et les malades sont tous morts dans les quarante-huit heures à trois jours. Il n'y a pas lieu d'envisager l'opportunité d'une injection préventive de sérum à la suite de la castration de tous les cochons, mais il semble utile de mentionner que le séjour immédiat dans des locaux destinés aux chevaux après l'opération et surtout dans des locaux où il y a eu des tétaniques est peut-être susceptible d'expliquer ces cas exceptionnels.

### CASTRATION DE LA TRUIE

La castration de la truie a été pratiquée de tout temps. Bartholin a décrit cette opération en 1641.

Elle se fait sur les femelles que l'on destine à l'engraissement : on opère sur des sujets jeunes, de six semaines, deux ou trois mois, et sur des femelles retirées de la reproduction.

*Disposition anatomique des organes génitaux.* — Pour pratiquer l'ovariotomie chez la truie, il est indispensable de connaître tout d'abord les dispositions particulières des organes génitaux. Les cornes utérines sont très longues, repliées sur elles-mêmes, circonvolutionnées, et présentent chez les adultes l'aspect d'anses intestinales. Il est cependant facile de les distinguer au toucher, car leur volume est toujours plus faible que celui de l'intestin.

Chez les jeunes femelles de deux à trois mois, elles ont la grosseur d'un petit crayon ; chez les truies ayant déjà porté, la différenciation serait plus difficile, mais, comme on ne retire que les ovaires sans mutiler les cornes utérines, cette distinction reste commode.

Les cornes utérines sont suspendues dans la cavité abdominale au moyen de ligaments larges très développés et très lâches, ce qui explique qu'elles puissent, même chez les jeunes femelles, être amenées au niveau d'une seule et même incision faite dans la région du flanc. Enfin les cornes utérines ne faisant entre elles qu'un angle très aigu, les ovaires sont très rapprochés de la ligne médiane sous-lom-

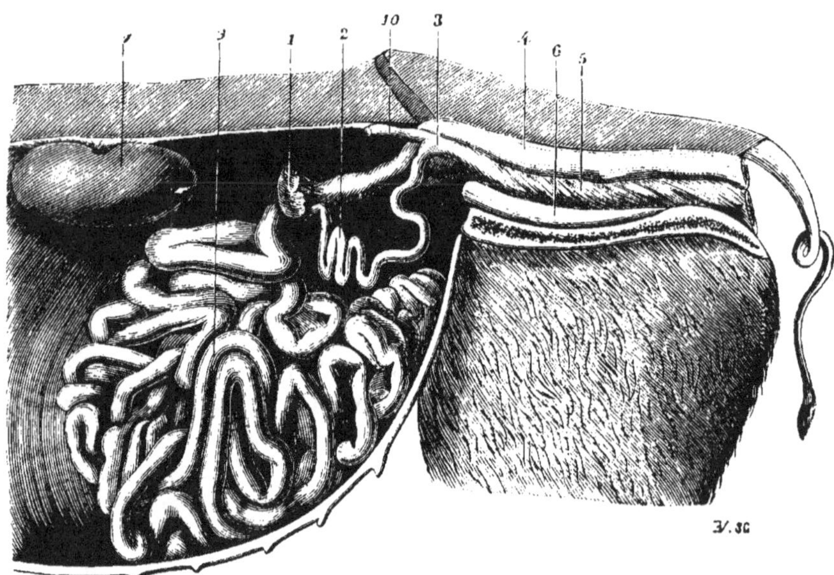

Fig. 9. — Organes génitaux de la truie. — 1, ovaire : 2, corne utérine : 3, utérus : 4, rectum : 5, vagin ; 6, vessie : 7, rein ; 9, intestin.

baire. Cette position des ovaires explique encore pourquoi on peut aller à leur recherche et les extraire en faisant une seule incision dans le flanc, soit à droite, soit à gauche.

L'opération nécessite un simple bistouri convexe ordinaire ou un couteau *ad hoc* et deux pinces à forcipressure.

*Manuel opératoire.* — L'animal est fixé en position décubitale gauche ou droite, latérale droite de préférence, pour agir avec l'index droit.

Pour les petites femelles, on se contente de faire maintenir les membres, les postérieurs croisés l'un sur l'autre, le postérieur supérieur sur le postérieur inférieur et en arrière; et de les immobiliser très solidement, comme lorsqu'il s'agit des verrats.

S'il s'agit d'une grosse truie, on la fait toujours museler.

Une asepsie préalable parfaite n'est pas d'absolue nécessité, mais il vaut mieux cependant observer les précautions antiseptiques d'usage lorsqu'on le peut.

L'opérateur se place vers le dos de l'animal. L'incision peut être faite suivant trois directions différentes. Certains opérateurs recommandent l'incision verticale, sous l'angle externe de l'ilium ou à 1 centimètre en avant, et dirigée vers le bas; d'autres tiennent à l'incision horizontale parallèle à l'axe vertébral; et quelques-uns enfin

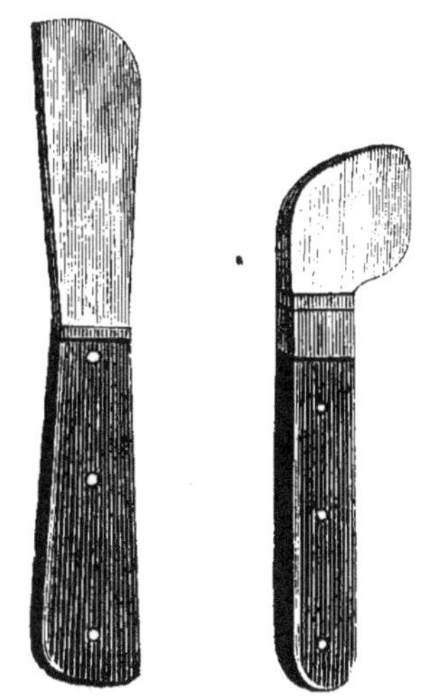

Fig. 10. — Couteaux des châtreurs.

estiment que l'incision oblique, suivant une direction qui correspondrait à la corde du flanc, est tout aussi avantageuse.

A mon avis, les incisions verticale et oblique sont préférables. Elles doivent être de dimensions suffisantes pour l'introduction du doigt et pour l'extraction de l'ovaire, par conséquent proportionnées à la taille. Chez les femelles âgées, portant des ovaires dont le volume peut dépasser celui d'une noix, cette incision doit évidemment être beaucoup plus longue que chez les petites truies récemment sevrées.

L'opération comprend quatre temps :

*Premier temps.* — Incision de la peau et des muscles sous-jacents au-dessous de l'angle de la hanche.

*Deuxième temps.* — Perforation du péritoine et recherche des ovaires.

*Troisième temps.* — Ablation des ovaires, ou des ovaires et des cornes utérines chez les petites femelles.

*Quatrième temps.* — Suture.

L'incision des tissus se fait couche par couche ; la peau est plissée longitudinalement et incisée suivant une ligne verticale ; puis on agit avec le bistouri sur les couches musculaires sous-jacentes. Le doigt (index) dilacère ces tissus plan par plan, jusqu'à ce qu'il arrive sur le péritoine

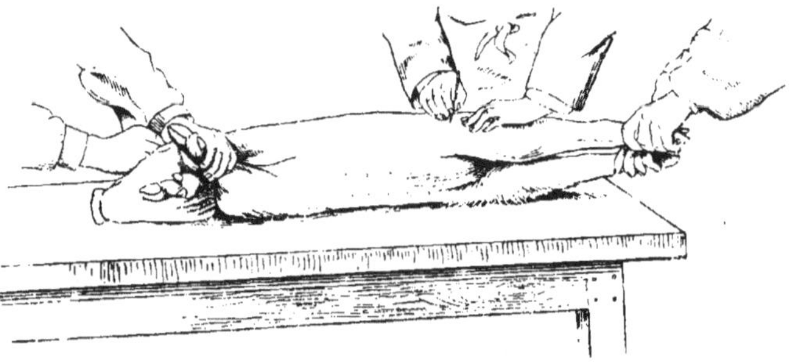

Fig. 11. — Castration de la truie (*1er temps*).

pariétal. Ce péritoine est fissuré ou tout au moins déchiré avec l'ongle, et d'un coup brusque et énergique, il est perforé par l'index explorateur, enfoncé en mouvement de vrille.

Cette pratique a pour un débutant l'inconvénient d'amener souvent un décollement du péritoine pariétal, ce qui augmente de beaucoup les difficultés. Il est préférable alors de saisir le péritoine dans le fond de la plaie avec une pince à dents de souris, de l'amener vers l'extérieur et de l'y fixer avec une pince à forcipressure pour le ponctionner ensuite. Plus tard, avec l'expérience acquise, il est inutile de recourir à cette précaution.

Certains opérateurs ne craignent pas de ponctionner les muscles et le péritoine avec la pointe du bistouri, en limitant sa pénétration ; ou encore avec un perforateur spécial, sorte de trocart à pointe courte et du volume du doigt. L'intestin fuit l'instrument et n'est jamais lésé, lorsque l'opérateur a suffisamment l'habitude de son procédé.

L'opération bien faite, avec le doigt seul, met à l'abri de tout danger.

L'incision faite et le doigt introduit dans l'abdomen, l'opérateur placé vers la région dorsale va avec l'index

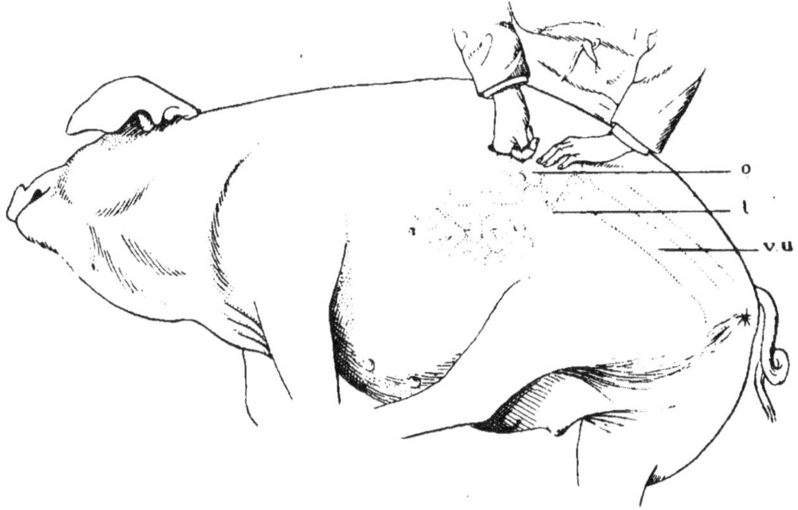


Fig. 12. — Castration de la truie (*2e temps*). Le doigt en place saisissant l'ovaire, *o*, pour l'amener au dehors: *t*, trompe utérine; *v.u.*, conduit utéro-vaginal.

á la recherche des ovaires. L'ovaire superficiel correspondant au côté de l'incision se trouve immédiatement en contact avec le péritoine pariétal, il convient de ne pas le déplacer par une recherche intempestive et désordonnée qui le pousserait parmi les circonvolutions intestinales. Il est saisi directement par le doigt replié en forme de crochet maintenu contre la paroi abdominale, et amené au dehors par glissement (fig. 12). On peut se contenter parfois d'amener la corne utérine pour obtenir l'ovaire ensuite.

Le premier ovaire obtenu, on fixe son pédicule entre le

pouce et l'index gauche ou à l'aide d'une pince à pression continue, puis on recherche immédiatement celui du côté opposé. — Pour cela, mais chez les jeunes femelles seulement, on dévide la corne utérine de son extrémité (extrémité ovarienne) vers son origine (bifurcation du corps utérin), et on reprend aussitôt la corne utérine opposée, que l'on attire en sens inverse, de sa base vers son extrémité, jusqu'à ce que l'on ait attiré le second ovaire.

Le temps le plus difficile à bien exécuter est celui qui correspond au changement de corne, car c'est à cet instant que la traction sur les tissus est la plus violente, les réactions défensives les plus énergiques et les douleurs les plus vives ; aussi doit-on prendre garde de ne pas lâcher la corne contenue.

Lorsque le second ovaire apparaît à l'orifice externe de l'incision, on le maintient comme le précédent, et on extirpe alors les deux ovaires par torsion. Chez les petites femelles, on enlève à la fois cornes utérines et ovaires ; chez les grandes, le dévidage des cornes ne se fait que petit à petit avec une réduction progressive immédiate ; les cornes utérines sont refoulées dans la cavité abdominale, au fur et à mesure, pour éviter les souillures extérieures, et les ovaires sont extirpés par torsion aussitôt leur extraction. La plaie bien aseptisée est suturée avec un, deux ou trois points séparés portant sur la peau. L'animal est relevé, et il est rare qu'il survienne des complications.

*Soins consécutifs. — Accidents opératoires.* — Les opérées sont maintenues à la diète pendant les jours qui suivent l'opération.

Le *décollement accidentel du péritoine* peut amener parfois un petit abcès lorsqu'il y a eu infection de la plaie. L'examen direct, la palpation permettent facilement d'en faire le diagnostic ; l'écartement des lèvres de la plaie primitive prévient la péritonite.

Les cornes utérines trop tiraillées peuvent être déchirées, ainsi que les ligaments larges, pendant l'opération ; ces accidents n'amènent que des troubles généraux momentanés.

·L'*hémorragie* qui se produit lors de l'incision de la paroi abdominale a peu d'importance.

La *hernie* est très rare, car la ponction du péritoine est de très faible dimension.

L'*infection érysipélateuse* peut se produire comme chez le porcelet, et se traite par les mêmes moyens.

Le *tétanos* est possible aussi.

Enfin, un accident de maladresse qui se produit quelquefois, est la suture d'une anse de l'intestin au bord de la plaie lorsque les précautions voulues ne sont pas prises. Il se développe alors une adhérence de l'intestin avec la paroi abdominale, mais pas de suites graves. La croissance s'en trouve cependant considérablement retardée.

## Bouclement du porc.

Le bouclement du porc est une opération qui a pour but, dans les pays où les cochons sont élevés en liberté,

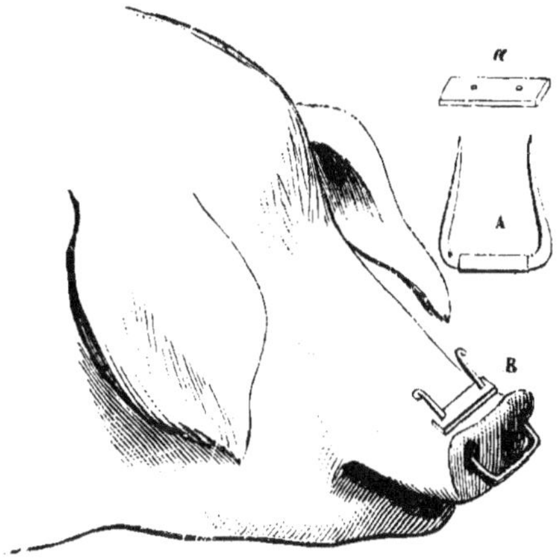



Fig. 13. — Bouclement du porc.

de les empêcher de fouiller le sol et de causer des dégâts trop considérables.

Cette pratique tend à disparaître de nos jours. Elle

consiste essentiellement à fixer au travers du groin un appareil qui, par la gêne mécanique qu'il apportera ou par la souffrance qu'il provoquera, arrêtera l'animal dans ses tentatives et ses déprédations.

Bien des méthodes ont été utilisées, et l'une des plus simples consiste à placer au travers du bourrelet supérieur du groin, sur l'animal couché, immobilisé et muselé, deux gros fils de fer ou de laiton dont l'une des extrémités effilées sert d'aiguille. Avec de petites pinces plates, les deux extrémités des fils sont ensuite tordues pour former deux boucles que l'on réunit transversalement par le même procédé.

Un autre moyen, qui donne un bouclement plus élégant, consiste à prendre un gros fil de laiton disposé en U (fig. 13) et muni d'une petite traverse métallique perforée qui a les dimensions transversales de l'écartement des narines. Chaque branche est passée au travers du bourrelet ; la réunion en est établie par une seconde traverse métallique, et les extrémités des fils sont contournées en crosse.

# MALADIES DE L'APPAREIL DIGESTIF

Le porc est un animal dont la puissance digestive est exceptionnelle ; il assimile aussi facilement les aliments herbacés verts ou secs que les grains, les farineux, les racines fourragères, les substances animales, viandes, graisses, etc. ; aussi les troubles fonctionnels de son appareil digestif sont-ils relativement rares, en dehors de certaines infections spécifiques ou d'empoisonnements.

Néanmoins, il peut cependant, surtout lorsqu'il est jeune, présenter de la stomatite, plus tard des indigestions, des gastro-entérites avec ictère, de l'entérite diarrhéique banale, de l'entérite diarrhéique spécifique infectieuse et contagieuse, des infestations parasitaires multiples.

Ces différentes affections se traduisent cliniquement par des signes assez nets pour en permettre le diagnostic sans trop de difficultés, et comme ce diagnostic a une importance capitale pour les prescriptions relatives au traitement, il faut pouvoir l'établir pour avoir le droit de donner des conseils autorisés.

## Constipation.

La *constipation*, c'est-à-dire l'état de l'appareil digestif caractérisé par la rareté des évacuations d'excréments anormalement secs et durs, peut être ou la résultante d'une maladie chronique de l'intestin, ou, au contraire, la conséquence d'un régime alimentaire spécial, dit échauffant. Il faut donc ne rien faire, ni ne rien tenter sans en rechercher l'origine possible, car il est évident que, si le but à poursuivre et à atteindre, la régularité des évacuations est le même, les moyens peuvent différer.

La constipation, sans état maladif proprement dit, se constate sur des porcs adultes, fort souvent dans les élevages

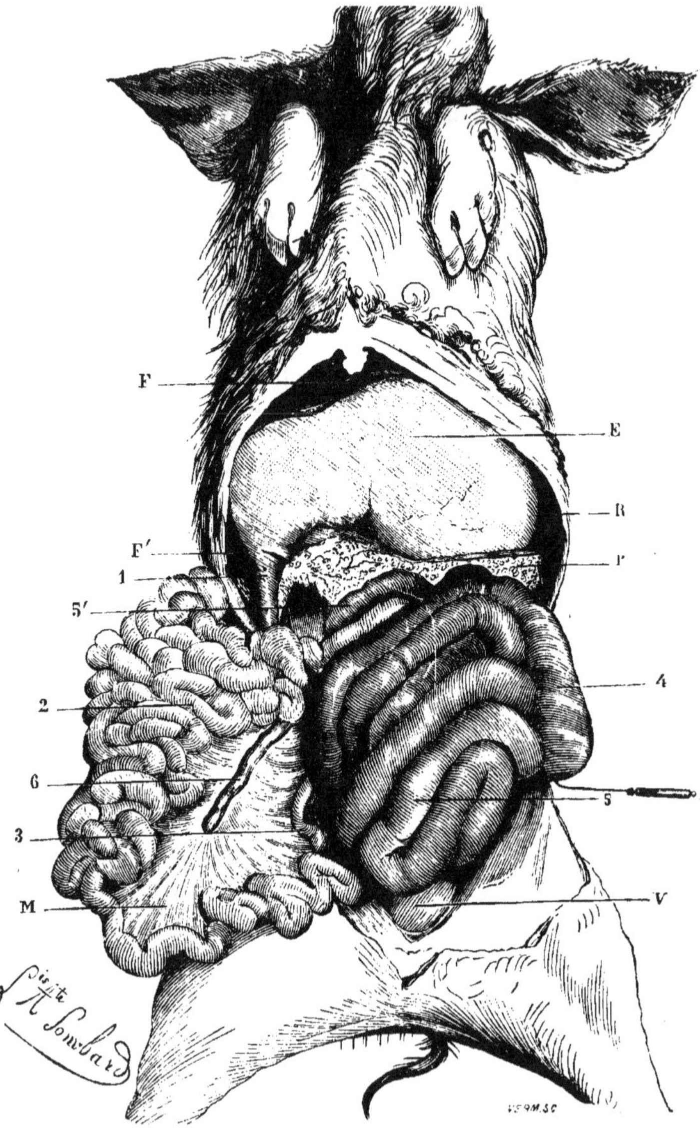


Fig. 14. — Vue générale de l'estomac et de l'intestin chez le porc
(d'après Chauveau).

sur les truies, dans les jours qui suivent la mise bas. Comme
conséquence, les porcelets âgés de quelques jours, à la mamelle, sont eux aussi atteints de constipation.

Les excréments sont rares, secs et durs ; les animaux
quelque peu inquiets ont moins d'appétit, recherchent volontiers les boissons ou les racines fourragères, carottes,
betteraves, navets, etc.

Des accidents graves peuvent en être la conséquence si

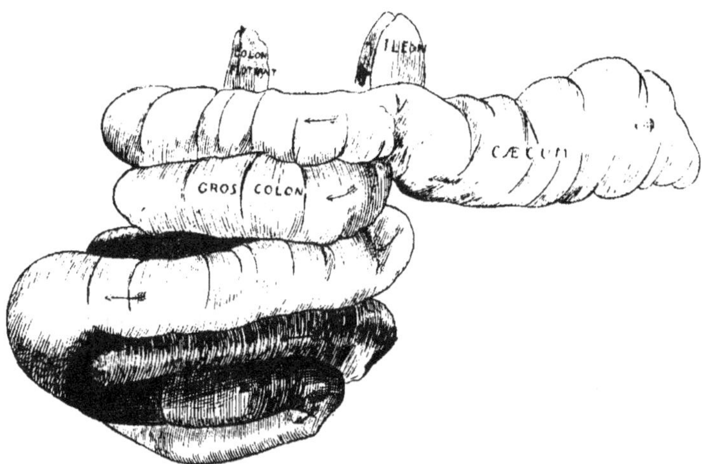


Fig. 15. — Cæcum et gros côlon du porc.

cet état se prolonge, les truies nourrices en particulier ont
moins de lait, les porcelets meurent fréquemment.

Le traitement doit être plus hygiénique que thérapeu-
tique à proprement parler, au début tout au moins, et pour
ce qui concerne les porcelets à la mamelle, il est évident
que l'on ne peut agir que par l'intermédiaire de la mère.

Chez les adultes, si l'on intervient tout au début, le cours
alimentaire peut être rapidement rétabli par la distribution
d'aliments dits rafraîchissants : petit-lait, lait caillé, graines
de lin, tisanes d'orge, de guimauve et de graines de lin à
volonté ; choux distribués verts ou cuits, betteraves, carottes, etc. ; suppression momentanée des farineux, grains,

tourteaux, etc. Si ces moyens ne suffisent pas, on ajoute alors des purgatifs à action modérée aux aliments distribués : sulfate de soude, 30 à 50 grammes par jour, selon la taille, pour des sujets de 50 à 100 kilogrammes ; sulfate de magnésie, huile de ricin, huile ordinaire, etc. ; et on complète l'intervention s'il y a lieu par des lavements.

Mais le porc est particulièrement indocile pour toutes les interventions directes, et surtout pour cette dernière ; il ne faut pas oublier alors de faire usage d'une canule rectale à embout olivaire parfaitement mousse, parce que le rectum est très fragile et se déchirerait facilement sous l'action d'une canule non boutonnée. D'une façon générale, il faut s'abstenir toutes les fois qu'on le peut.

Contre la constipation des porcelets de quelques jours, il n'y a pas d'autre moyen d'agir que par l'intermédiaire de la mère, mais il est très bien démontré que la modification du régime ou même la simple administration quotidienne et prolongée de purgatifs légers à la mère donne au lait les propriétés nécessaires pour faire disparaître la constipation des porcelets. Le mode d'intervention est donc encore facile.

## Diarrhée simple.

La *diarrhée*, c'est-à-dire la fréquence des évacuations d'excréments anormalement mous et liquides, peut être la résultante d'une maladie chronique de l'intestin ; ou au contraire la conséquence d'un régime alimentaire dit rafraîchissant ou laxatif. Le retentissement de ce régime sur les sécrétions digestives produit le phénomène inverse de celui qui caractérise la constipation (exagération des sécrétions et du péristaltisme intestinal). Les variations étendues et brusques de température, le froid humide, la distribution d'aliments trop froids, sont fréquemment la cause de diarrhées, surtout chez les jeunes porcelets à la mamelle ou chez ceux récemment sevrés. Les adultes y sont beaucoup moins sensibles.

Chez les porcelets à la mamelle, la diarrhée peut être la conséquence du régime alimentaire des mères nourrices ou même d'une infection.

Les malades sont tristes et grognons ; ils se cachent dans la litière, perdent l'appétit, ont mauvais poil et mauvais aspect général. La peau perd rapidement sa teinte rosée, pour devenir blafarde, blanc terne jaunâtre ; les soies sont sales, le train postérieur souillé. L'amaigrissement et l'épuisement sont fort rapides, si l'on n'intervient aussitôt ; des complications de dysenterie, présence de sang dans les évacuations, peuvent survenir, et les petits malades succombent après huit à dix jours.

La diarrhée chez des adultes ou des sujets plus âgés peut être causée par des infections spécifiques, par des parasites intestinaux (entérite vermineuse), par des empoisonnements, etc.

*Diarrhées infectieuses.* — A côté de ces formes simples et banales, on rencontre des *diarrhées infectieuses* chez des porcelets de quinze jours à trois semaines, encore à la mamelle, et c'est alors sous forme d'enzooties de porcheries qu'on les voit sévir. Elles sont dues à des agents microbiens variés (colibacilles, paracoli, B. pyocyanique, etc.) ; les petits sujets s'infectent en fouillant les fumiers, les litières, dès qu'ils cherchent à manger. C'est dans les porcheries infectées par avance qu'on voit cette forme spéciale se développer, ou bien encore lorsque les mères sont soumises à un régime alimentaire particulier.

Les symptômes sont les mêmes que dans la diarrhée banale, mais l'évolution est plus rapide. La peau des petits malades peut revêtir une légère teinte jaunâtre ou verdâtre. Tous les sujets d'une ou plusieurs portées peuvent être atteints.

Le *diagnostic* de la diarrhée simple ne présente aucune difficulté, et, s'il ne faut la considérer que comme une affection bénigne chez les adultes, il ne faut pas oublier qu'elle peut avoir des conséquences rapidement mortelles chez les jeunes. Tant que les malades conservent la gaîté et l'appétit malgré leur diarrhée, le danger n'est pas imminent ; mais, dès qu'ils sont tristes, abattus, indolents, sans forces, le danger de mort devient réel.

Le diagnostic des diarrhées infectieuses (colibacillaires pyocyaniques, etc.) est basé sur la marche enzootique de l'affection, sur sa gravité et sur la recherche des agents microbiens prédominants. Toute une portée, la moitié d'un élevage peuvent disparaître.

Le *traitement* varie selon l'âge des sujets :

Chez les *porcelets à la mamelle*, l'intervention est fort délicate et ne peut se faire que par l'intermédiaire de la mère. Les malades doivent être mis à température douce et constante (16-18º) autant que possible ; au besoin, les petits seront tenus à part dans une étable chaude, par exemple, pour n'être donnés à la mère qu'au moment des tétées. Celle-ci sera alimentée avec des farineux, des pommes de terre, du riz, etc. ; mais on éliminera temporairement les aliments dits rafraîchissants, choux, raves, betteraves, carottes, etc. On ajoutera aux rations du bicarbonate de soude, 2 à 3 grammes, de l'eau de chaux, 0¹,5 à 1 litre, du phosphate de chaux, 10 à 15 grammes par jour, pendant cinq à six jours de suite.

Chez les *porcelets récemment sevrés*, ou sur le point de l'être, on prendra les mêmes précautions générales relativement aux conditions de température; on les laissera à la demi-diète. Comme alimentation, on distribuera du lait bouilli additionné d'un tiers d'eau de riz et d'une petite quantité d'eau de chaux, de trois à quatre cuillerées à bouche à un verre par repas selon la taille. Si la diarrhée ne cédait pas aussitôt, on ajouterait du sous-nitrate de bismuth à la dose de 1 à 2 grammes par sujet à chaque repas.

Chez les *adultes*, on laissera de même à la diète et on distribuera des pâtées très cuites, tièdes, additionnées de riz, d'eau de riz, d'eau de chaux, de décoctions d'écorce de chêne, d'écorce de saule blanc, de tisane de salicaire, etc. Au besoin, on ajoutera du laudanum, X à XX gouttes deux à trois fois par jour, du phosphate de chaux, 10 à 15 grammes ou du sous-nitrate de bismuth, 5 à 10 grammes.

Dans les cas d'enzootie de porcherie, chez des sujets non encore sevrés, mais sur le point de l'être, on désinfectera la porcherie et on changera le régime de la mère comme il est indiqué ci-dessus. Au besoin, les petits seront sevrés prématurément, déplacés, et mis dans des locaux assez chauds, sur des litières que l'on arrosera légèrement d'eau phéniquée faible tous les matins.

Ils seront nourris au lait bouilli additionné de un quart ou demi-litre d'eau de riz et d'eau de chaux, ou de blancs d'œufs battus, ou encore d'eau oxygénée du commerce, 50 grammes par litre de lait. On pourra même alterner ces mélanges matin, midi et soir, mais les différentes substances doivent être ajoutées isolément au lait et non mélangées toutes ensemble avec lui.

Il importe de surveiller attentivement les malades et de ne pas laisser la diarrhée s'installer durant plusieurs jours, car les médications restent alors inefficaces, les agents d'infection intestinale semblant prendre de jour en jour une virulence plus grande.

Dans ce dernier cas, il convient alors de recourir au traitement qui réussit dans les cas d'entérite infectieuse (voir page 216), pilules au bleu de méthylène avec doses proportionnées à la taille; de 0$^{gr}$,25 centigrammes à 1 gramme.

# MALADIES DE LA BOUCHE

## Muguet chez le porcelet.

### *(Stomatite crémeuse.)*

Dans toutes les espèces animales, chez les tout jeunes sujets, et même chez les enfants, particulièrement chez les sujets débiles, mal nourris ou élevés artificiellement, il est assez fréquent d'observer des formes d'inflammation de la bouche, au cours desquelles il apparaît sur la langue, le palais et le pharynx, des plaques d'exsudat d'aspect blanc jaunâtre crémeux. C'est à ces formes que l'on applique la dénomination de stomatite crémeuse ou de muguet, par extension de l'appellation usitée dans l'espèce humaine pour qualifier la stomatite provoquée par un champignon auquel on donne le nom d'oïdium ou de *Saccharomyces albicans*.

Rien ne prouve cependant que les stomatites chez les animaux à l'allaitement soient dues à la même cause, au même champignon parasite, le *Saccharomyces albicans* ; bien plus, il est démontré que la stomatite crémeuse des agneaux est due à des infections différentes ; le terme de *muguet* s'applique donc à la forme de stomatite elle-même sans rien spécifier de la cause qui peut la provoquer.

Or chez les porcelets, la stomatite crémeuse provoquée par un champignon identique à celui de l'homme, a été signalée par Pœnaru sur des sujets élevés au biberon. Il a pu isoler et cultiver le champignon, et même reproduire expérimentalement des lésions.

*Symptômes.* — L'affection se traduit par le développement, sur la langue, de plaques arrondies ou à contours sinueux, d'un blanc crémeux sale, ayant l'aspect de fausses membranes, et se détachant facilement de la muqueuse.

La succion et la déglutition sont douloureuses, les petits malades tiennent la bouche entr'ouverte. Ils maigrissent rapidement et peuvent succomber en quelques jours.

C'est le tableau clinique retrouvé chez les autres espèces.

L'examen bactériologique de l'enduit montre qu'il est formé de lamelles épithéliales desquamées, de mycélium et de spores du champignon spécifique, avec en plus comme agents surajoutés des microbes variés de la bouche.

Le *diagnostic clinique* du muguet est particulièrement facile par le seul examen direct de la cavité buccale ; le pronostic est toujours grave, d'autant que cette affection se développe presque exclusivement chez des sujets amaigris et débilités.

Le *traitement* doit comporter l'isolement immédiat du sujet ou des sujets atteints d'avec ceux qui peuvent être encore sains, pour éviter la contagion.

Si les malades sont nourris artificiellement au biberon, le lait sera bouilli au préalable, distribué tiède, et additionné alternativement de un quart d'eau de chaux, et à la tétée suivante de 1 à 2 grammes de bicarbonate de soude par ration quotidienne de lait.

La bouche des malades sera tenue très propre, lavée alternativement avec une solution de bicarbonate de soude à 1 p. 100, ou avec du jus de citron avant les repas ; après les tétées, les plaques envahies seront badigeonnées au pinceau avec de la glycérine boratée au tiers ou de la glycérine iodée au cinquième.

S'il y avait complication de diarrhée, ce qui est toujours fort grave, il faudrait insister sur l'emploi de l'eau de chaux additionnée au lait.


### Glossite. — Stomatite ulcéreuse pseudo-aphteuse.
*(Dentelle, dentelée.)*

Une seconde forme de stomatite peut encore frapper les jeunes gorets, dès les premiers jours ou les premières semaines de leur existence, souvent vers l'âge de huit à dix jours. Elle a été décrite par Adenot et Boissard sous le nom de stomatite aphteuse *simple*, différente de celle qui accompagne la fièvre aphteuse ou cocotte; c'est donc ce que l'on est convenu d'appeler aujourd'hui une stomatite pseudo-aphteuse.

*Symptômes.* — Elle se caractérise au point de vue symptomatologique par l'apparition de véritables phlyctènes à contenu limpide sur la langue et de préférence vers son bord libre, donnant à cet organe un aspect frangé tout particulier, qui avait fait dire à Boissard que la maladie pouvait être qualifiée de *dentelée*. Il n'y a jamais d'éruption vers les onglons, ni chez les porcelets, ni chez les mères, et l'affection n'a rien à voir avec la fièvre aphteuse.

Les petits malades atteints ne peuvent téter qu'avec la plus extrême difficulté; souvent ils ne le peuvent pas, poussent des grognements plaintifs, dépérissent et succombent d'inanition en quelques jours.

Le *diagnostic* ne présente aucune difficulté; il suffit d'ouvrir la bouche des petits malades pour découvrir les lésions dont ils sont atteints. Il importe toutefois, pour le bien préciser et le différencier, de rechercher si la fièvre aphteuse ne sévit pas dans l'exploitation.

Le *pronostic* est très grave; l'expérience prouve qu'un bon nombre de petits sujets peuvent succomber.

Le *traitement* doit avoir pour but de veiller à l'amélioration des conditions d'hygiène qui trop souvent sont défectueuses et qui peut-être jouent un rôle dans l'évolution de cette affection. Les mères doivent être mises à un régime légèrement laxatif, par l'addition de racines fourragères crues ou cuites et de graines de lin à leurs rations.

Pour ce qui est des malades, il faut abraser aux ciseaux les phlyctènes qui existent, bien nettoyer l'intérieur de la cavité buccale et recommander l'application biquotidienne au pinceau d'un collutoire à la glycérine iodée au cinquième. Bon nombre de sujets peuvent être sauvés par ces simples soins hygiéniques.

## Scorbut du porc.

Sous le nom de scorbut du porc, on désigne une affection de la cavité buccale, caractérisée cliniquement par l'inflammation et l'ulcération des gencives.

Elle semble être de nature ou d'origine infectieuse et évoluer comme manifestation secondaire d'autres infections, en particulier de l'érysipèle ou l'urticaire et du rouget chronique. Bénion et Lafosse l'ont décrite comme une maladie du sang sous le nom de *Cachexie scorbutique*; Pradal sous le nom de « *Pourriture des soies* ».

Les mauvaises conditions d'alimentation, d'hygiène générale et d'entretien favorisent son apparition et son évolution. Le froid, l'humidité, la saleté, le manque d'aération, etc., semblent jouer un rôle favorisant extrêmement important. La déchéance organique peut être considérée comme l'unique cause déterminante, puisque aucun agent spécifique n'a été décrit.

*Symptômes.* — Au cours de l'évolution de l'urticaire, ou à la suite de ses manifestations, les malades présentent de la congestion de la muqueuse buccale particulièrement accentuée sur les gencives, des hémorragies sous-muqueuses, véritables taches pétéchiales des dimensions d'une lentille à celle d'une pièce de 50 centimes, du déchaussement des dents, des hémorragies locales et même des ulcérations lorsque les animaux survivent. Comme conséquence, il se produit de la salivation, de la difficulté ou de l'impossibilité de mastication, de l'amaigrissement rapide et la mort.

Par ailleurs, il se peut que l'on rencontre la chute des soies au niveau des anciennes plaques d'urticaire; de la congestion de la conjonctive, de la pituitaire, de la dyspnée résultant de la congestion pulmonaire; des excréments sanguinolents, de l'engorgement des articulations, etc..., tous symptômes secondaires résultant de complications. La mort est une conséquence fréquente même au début, lorsqu'il y a des troubles respiratoires et digestifs intenses ; plus tard, elle survient par épuisement.

*Lésions.* — Les lésions principales sont caractérisées par des suffusions sanguines interstitielles de l'épaisseur de la muqueuse buccale, des nécroses partielles de cette muqueuse, des pertes de substance de la muqueuse gingivale. Les lésions secondaires sont celles des muqueuses oculaire, respiratoire, digestive, vésicale, qui sont fortement congestionnées ; celles de la peau, du tissu sous-cutané et des tissus sous-jacents, caractéristiques de l'urticaire ; celles des séreuses qui sont quelquefois ecchymosées ; celles des articulations qui peuvent renfermer de la synovie hémorragique ; l'engorgement des ganglions, etc.

Ces constatations ont donné lieu à des hypothèses multiples, quant à l'origine même et la nature de l'affection. Certains lui conservent l'appellation de scorbut, qui est la plus logique lorsqu'on établit la comparaison des lésions avec celles que l'on peut rencontrer chez l'homme ; d'autres ont voulu voir une relation et établir un rapprochement avec l'anasarque du cheval et de l'espèce bovine (Wolf, 1909).

*Diagnostic.* — Le diagnostic ne peut que rarement prêter à confusion ; le muguet et la stomatite ulcéreuse des porcelets ont des caractères très différents de même que la stomatite aphteuse, qui s'accompagne toujours de lésions sur le groin et de lésions vers les onglons.

*Pronostic.* — Le pronostic varie beaucoup de gravité selon le moment où l'on est appelé à donner des soins. Au début, il y a des chances nombreuses d'obtenir des guérisons ; lorsque les lésions sont étendues, les chances de succès sont disparues, et la mort est la règle.

*Traitement.* — Comme pour le scorbut de l'homme, le traitement doit avant tout être hygiénique. Mettre les animaux sur des litières propres, dans des locaux préalablement désinfectés, à température douce, avec aération suffisante, représente la première précaution à réaliser.

L'alimentation doit être ensuite, temporairement tout

au moins, l'objet de tous les soins. La distribution de lait, de farineux en bouillie, de grains cuits, faciles à déglutir est indispensable.

L'addition de toniques amers aux rations, poudre de quinquina, poudre de gentiane, poudre d'écorce de saule, 10 à 15 grammes par jour, et même d'écorce de chêne, est très utile. Les ferrugineux, eau rouillée, carbonate de fer, teinture de mars, oxalate de fer, etc., sont à recommander.

Comme il est fort difficile, sinon impossible, de prescrire un traitement local irréalisable le plus souvent dans la pratique, lorsque les malades sont un peu grands, il faudra, dans la suite, conseiller la distribution des glands, des châtaignes, des tourteaux, jusqu'au moment du retour à la santé, où l'on pourra reprendre des rations plus économiques.

L'isolement des malades, la mise en liberté au grand air dans des pâturages ou des parties boisées ne devront pas être négligés lorsque les conditions de milieu s'y prêteront.

Enfin la désinfection des locaux ne devra jamais être négligée avant nouvelle utilisation.

### Stomatite diphtéritique.

A côté des stomatites crémeuse, aphteuse, pseudoaphteuse et du scorbut, on a signalé et décrit une stomatite diphtéritique spéciale des porcelets, caractérisée par la formation de fausses membranes et même par la formation de plaques de nécrose.

La maladie apparaîtrait sous forme de cas sporadiques, et aussi sous forme enzootique dans les porcheries nombreuses (Bang, Laurissen, etc.). Le froid, la misère physiologique, les mauvaises conditions d'hygiène et d'entretien, l'évolution d'affections débilitantes semblent présider au développement de cette maladie, comme à tant d'autres d'ailleurs.

Les symptômes se traduisent par la formation de fausses

membranes sur la base de la langue, le voile du palais, la face interne des lèvres et des joues, etc.; et, ce qui est particulièrement important à enregistrer, par des infiltrations et des engorgements douloureux sous-jacents. Des fausses membranes peuvent être découvertes dans les cavités nasales et dans le pharynx.

Les malades ne peuvent s'alimenter, ils maigrissent rapidement, s'épuisent et meurent de complications infectieuses.

Le *diagnostic* peut être établi sans trop de difficultés, par comparaison avec les autres formes connues de stomatite ; le pronostic est très grave.

Le traitement mal établi jusqu'ici, doit avoir pour but l'enlèvement des fausses membranes, puis d'abraser les parties nécrosées. Les surfaces atteintes seront ensuite nettoyées avec des solutions détersives antiseptiques ou astringentes, et l'intervention sera complétée par des badigeonnages à la glycérine iodée au tiers, à la solution d'acide chromique à 3 p. 100, etc.

# MALADIES DE L'ESTOMAC, DE L'INTESTIN ET DU FOIE

## Indigestion.

Malgré la puissance digestive du cochon pour les aliments les plus variés, il se peut cependant qu'il soit atteint parfois d'indigestion stomacale soit par surcharge simple, soit par absorption d'aliments altérés et avariés, d'aliments indigestes de par leur constitution même, ou enfin d'aliments toxiques.

Les malades paraissent subitement tristes, d'un repas à un autre, après avoir avalé des substances de qualité douteuse. Ils restent couchés dans un coin de leurs loges, cachés dans la litière, avec des frissons qui secouent tout le corps. Les soies sont hérissées. Cet état persiste durant un temps variable, six à douze ou vingt-quatre heures et se termine par une crise de diarrhée.

Dans d'autres cas, les malades se montrent inquiets, portent la tête basse et présentent de temps à autre des nausées qui finissent par aboutir au vomissement. Cette terminaison rapide est la plus heureuse, car elle entraîne dans la majorité des cas une guérison définitive; le trouble n'a été que momentané, et c'est la caractéristique de l'indigestion simple.

Parfois cependant, les malades ne retrouvent pas l'appétit, et l'indigestion se complique d'entérite ou d'accidents plus graves encore dans les intoxications; il devient alors nécessaire d'instituer un traitement contre ces complications diverses.

Le *diagnostic* de l'indigestion simple n'est guère établi que par les personnes chargées de donner leurs soins aux animaux, car, le trouble n'étant que temporaire, tout se passe avant que l'on ait pu réclamer les secours du vétérinaire; mais celui-ci est fréquemment consulté pour les complications.

Le *pronostic* est relativement bénin, il est assez rare que l'on ait recours à des médications ; cependant on pourrait, dans nombre de cas, faciliter les vomissements en administrant soit de l'émétique, 25 à 30 centigrammes, ou encore de l'ipéca à la dose de 50 centigrammes, 1 gramme ou ou 1$^{gr}$,50 selon la taille et le poids des malades.

Contre les complications, les médications sont toutes différentes, car les deux médicaments ci-dessus indiqués n'agiront que pour faciliter ou provoquer le vomissement.

On a signalé, particulièrement en Allemagne (Oppenheim, 1909), une autre forme d'indigestion que l'on a qualifiée d'indigestion intestinale, mais qui, en réalité, serait une simple stase excrémentitielle ou constipation, comme l'on voudra. Elle serait la conséquence de l'alimentation prolongée avec des substances sèches.

Les symptômes se traduiraient par l'inappétence, l'inquiétude, la défécation pénible ou l'absence de défécation, l'augmentation de volume de l'abdomen et la constatation de la stase alimentaire à la palpation de l'abdomen et à l'exploration rectale. La mort pourrait être une conséquence fréquente si l'on n'intervenait.

Le traitement doit avoir pour base l'emploi des purgatifs : sulfate de soude ou de magnésie, 10 à 50 grammes selon la taille; crème de tartre, aloès, huile de ricin, etc., administrés de force ; l'emploi des lavements évacuateurs à l'eau de savon, l'eau glycérinée, l'eau chargée de sulfate de soude; au besoin, l'emploi des injections sous-cutanées de pilocarpine et d'ésérine. Un bon régime ultérieur, à base de racines cuites, de graines de lin, de tisane d'orge, de lait est indispensable.

## Jaunisse. — Gastro-entérite.

Le terme de jaunisse est utilisé pour caractériser un état maladif dans lequel les matières colorantes de la bile, ne pouvant s'écouler facilement dans l'intestin, se trouvent retenues dans le sang et donnent à l'ensemble des tissus, aux muqueuses apparentes (muqueuse buccale et muqueuse de l'œil) et même à la peau, une teinte jaune ou jaune verdâtre toute particulière.

La jaunisse est assez fréquente chez le cochon, du moins chez les sujets d'élevage entretenus dans des conditions d'hygiène et d'alimentation qui ne sont pas toujours conformes à ce qu'elles devraient être.

Parmi les causes les plus fréquentes, il faut mettre en première ligne la gastro-entérite, c'est-à-dire l'inflammation de l'estomac et de la première partie de l'intestin grêle, suite d'indigestion, d'intoxications légères, ou d'irritations des premières voies digestives par des aliments de mauvaise qualité. L'inflammation du conduit digestif (duodénum) se propage facilement au canal cholédoque ; parfois même celui-ci peut être infecté par des agents microbiens qui se répandent dans toutes les voies biliaires. Le réseau biliaire ne fonctionnant plus, les pigments biliaires ne sont plus éliminés du sang, et progressivement la teinte jaune des tissus se caractérise.

Les *symptômes* de la jaunisse sont particulièrement caractéristiques chez les cochons dont la peau dépigmentée reflète tout de suite l'état de la circulation et de l'altération du sang.

La teinte jaune se voit spécialement bien à l'examen des yeux et à l'examen de la bouche, même dès le début de la maladie.

Les malades sont tristes, affaissés, plus ou moins fiévreux ; ils ont perdu l'appétit partiellement ou totalement, mais ont généralement conservé une soif assez vive. Les excréments sont plus ou moins décolorés, les urines foncées jaunâtres.

La durée est fort variable ; certains malades succombent après quelques semaines, d'autres maigrissent considérablement mais finissent par se rétablir.

Le diagnostic est généralement facile, quant au symptôme ictère, tout au moins ; mais le diagnostic de l'état digestif n'est pas toujours aussi commode.

Le pronostic est toujours grave.

Le traitement est basé sur l'emploi de la révulsion cutanée (application de sinapisme sous le ventre en avant de l'ombilic), le régime lacté et l'administration de quelques médicaments laxatifs, diurétiques et cholagogues.

Le sulfate de soude, 5 à 6 grammes par jour, le bicarbonate de soude, 1 à 2 grammes, le salicylate de soude, 2 à 6 grammes, donnés dans le lait, des tisanes d'orge, de pariétaire, de graines de lin, de guimauve, sont les médicaments les plus simples qui donnent les meilleurs résultats. L'usage peut et doit en être continué durant huit à dix jours, même s'il y a amélioration, sauf à supprimer le sulfate de soude s'il survenait de la diarrhée.

L'huile d'olives ou l'huile d'amandes douces, aux doses de 2 à 5 cuillerées à bouche doivent compléter cette médication.

Il ne faut jamais hésiter à traiter énergiquement car l'abatage même hâtif ne saurait autoriser la mise en vente pour la consommation.

### Hépatite infectieuse des porcelets.

Chez les porcelets à la mamelle, âgés de quatre à six semaines, sur le point d'être sevrés, il est possible de voir évoluer un état maladif très grave, caractérisé cliniquement par du subictère et, au point de vue de l'anatomie pathologique, par de l'hépatite : c'est l'hépatite infectieuse, qui entraîne la mort dans 60 à 80 p. 100 des cas.

Cette affection est mal différenciée des entérites diarrhéiques ; il est possible qu'elle s'y trouve toujours liée plus ou moins directement. Signalée par Semmer en Russie, sous le nom d'hépatite enzootique, elle a fait l'objet d'études de la part de Nonevitsch, de Brædel, Kleinpaul, etc.

La symptomatologie, d'observation facile pour les personnes qui voient chaque jour leurs petits sujets d'élevage, est assez difficile à interpréter pour les personnes étrangères, même pour le vétérinaire. Elle atteint les tout jeunes sujets de trois à sept ou huit semaines, qui, encore à la mamelle, le plus souvent, perdent en partie l'appétit et la gaîté, prennent mauvais aspect général avec des soies moins brillantes, puis moins lisses et moins propres. La peau reflète une légère teinte jaunâtre ou même jaune verdâtre toute différente de la teinte faiblement rosée des sujets bien portants.

Les petits malades paraissent avoir une fièvre notable, une soif très vive, ils cherchent à boire de l'eau, de l'urine, des purins, etc. La démarche est comme hésitante et un peu incertaine ; les mouvements se font sans vivacité, avec nonchalance ; le regard n'est plus éveillé comme de coutume ; l'amaigrissement est fort rapide et paraît d'autant plus accentué que le ventre reste généralement gros.

Plus ou moins vite de la diarrhée apparaît, le train postérieur est gris jaunâtre, sale, la queue déroulée, pendante. Ces jeunes malades sont rapidement anémiques, cachectiques ; ils succombent au bout de quelques jours.

La maladie est fréquente dans les élevages importants, même lorsque les mères nourrices se portent parfaitement bien ; elle y revêt une forme enzootique et contagieuse, l'infection passant d'une loge d'élevage aux sujets d'autres portées dans les loges avoisinantes, et c'est ce qui justifie les appellations d'hépatite enzootique (Semmer) et d'*hepatitis hemorragico-mortificans* (Brædel) qui lui ont été appliquées.

*Lésions.* — A l'autopsie, on ne découvre en apparence que fort peu d'altérations, sauf une hypertrophie anormale du foie, même chez des jeunes sujets. Semmer dit avoir trouvé le foie bosselé et ayant sur la coupe l'aspect d'une mosaïque à éléments constituants rouge foncé, rouge clair, jaunes ou gris. Ces caractères sont loin d'être constants et aussi variés ; en réalité, le foie présente des teintes variant du brun au jaunâtre. Nonevitch dit avoir trouvé dans le sang et le foie un grand bacille spécial dont les cultures en inoculation seraient capables de reproduire les symptômes de l'affection après sept à huit semaines, et il émet l'hypothèse que les jeunes porcelets s'infectent à la naissance, peut-être même par le cordon ombilical. Brædel rapproche cette affection de la peste porcine.

Pour mon compte, je crois devoir la rattacher à une entérite infectieuse, et, dans presque tous les cas qu'il m'a été donné d'observer, j'ai rencontré l'hépatite infectieuse avec subictère comme complication des entérites à bacille pyocyanique.

Le *diagnostic clinique* de l'affection, délicat à première vue, ne présente pas de difficultés sérieuses lorsque les renseignements précis sont fournis sur la marche de la maladie et les symptômes présentés. On ne peut pas confondre avec la peste porcine ; l'allure générale est toute différente, et l'on ne découvre dans l'intestin que des signes accentués d'entérite, sans localisations d'ulcérations.

Le *pronostic* est extrêmement grave, les élevages sont compromis dans les exploitations infectées, et, malgré des mesures d'isolement et de désinfection rigoureusement exécutées, je me suis vu plusieurs fois dans la nécessité de conseiller la suspension temporaire de l'élevage.

Le *traitement*, pour ainsi dire impossible à appliquer lorsque les malades ne sont pas sevrés, est celui des entérites. En principe, je fais isoler les malades et les contaminés dans des locaux à température douce, sur des litières bien propres et que je fais arroser légèrement d'antiseptiques tous les matins (pulvérisations phéniquées ou crésylées). La mère est elle-même logée dans une case soigneusement désinfectée, et les petits ne lui sont donnés que pour la durée des tétées. Je fais mettre à la disposition des malades du lait stérilisé coupé alternativement d'eau de riz, d'eau de chaux, d'eau albumineuse, et aú besoin je fais ajouter

du bismuth, quelques gouttes de laudanum, d'élixir paré-
gorique, etc., proportionnellement au nombre et à l'âge
des malades.

Au point de vue prophylactique, s'il y a de nouvelles
naissances à venir, je fais déplacer les truies pour la mise
bas, de telle façon qu'elles ne puissent avoir aucun contact
avec les malades, ni par le personnel, ni par les ustensiles,
ni par la nourriture.

Le traitement des entérites infectieuses ou de l'entérite
enzootique des porcelets serait à essayer.

## Gastro-entérites toxiques.

Les empoisonnements chez les cochons élevés à l'état de
nature sont absolument exceptionnels et ne comptent pas
au point de vue clinique, les animaux sachant toujours
discerner la qualité des aliments qu'ils ingèrent, malgré
leur voracité naturelle.

Les empoisonnements à la porcherie sont au contraire
beaucoup plus fréquents et tiennent à l'inexpérience
ou l'ignorance des personnes chargées de donner des
soins. Parfois aussi les aliments distribués, et en particulier les résidus industriels, sont directement toxiques
(farines de graines messicoles toxiques, nielle, gesses,
moutarde, etc.).

Dans tous ces cas, selon l'intensité de l'empoisonnement,
les animaux peuvent succomber rapidement, sans qu'on les
ait reconnus malades, ou présentent de simples troubles
d'indigestion, des troubles d'indigestion à répétition, des
troubles d'entérite avec diarrhée ou constipation.

Les signes extérieurs, toujours vagues, peuvent varier
beaucoup selon la cause réelle, mais se traduisent surtout
par de l'inappétence, des vomissements, de la constipation
ou de la diarrhée; de la dyspnée, de l'œdème de la glotte,
parfois et assez fréquemment par l'apparition de taches
rouges aux oreilles et à la peau pouvant faire croire à l'existence du rouget.

Dans les autopsies, il est commun de ne pas trouver de lésions capables de permettre un diagnostic.

Nombre d'intoxications ne laissent pas de traces du tout.

Plus souvent cependant, dans les cas de poisons irritants, il existe une inflammation plus ou moins intense de la muqueuse de l'estomac et des premières parties de l'intestin. Mais ce caractère ne peut pas être suffisant pour faire diagnostiquer un empoisonnement ; ce ne peut être qu'une indication qui permet l'orientation d'investigations plus complètes ; et ce n'est en somme bien souvent que par les renseignements fournis ou l'examen de la qualité des aliments distribués, qu'il est permis d'établir l'origine des accidents.

De même, si le diagnostic est embarrassant, le pronostic des intoxications est encore plus délicat, parce que tout dépend naturellement de la nature du toxique et de la quantité ingérée.

Quant au traitement, on peut dire qu'il n'y a pas de traitement général des intoxications, et que, pour chaque cas particulier, il faut s'adresser à une médication spéciale, lorsqu'elle peut être établie. Toutefois, comme les intoxications d'ordre alimentaire sont beaucoup plus fréquentes qu'on ne le pense généralement, dans le cas de simple doute, il faut immédiatement supprimer le régime habituel et lui en substituer un dont on soit absolument sûr au point de vue de la qualité.

### Intoxication par le carbonate de soude.

Il est d'usage très répandu d'utiliser les résidus de cuisine et les eaux de vaisselle dans l'alimentation des porcs. Lorsque ces substances ne contiennent pas de produits chimiques nocifs, l'avantage économique est très réel ; mais si, au contraire, on s'est servi de carbonate de soude pour le dégraissage, suivant l'habitude très répandue de notre époque, des accidents peuvent en résulter.

L'ingestion de résidus de cuisine contenant du carbonate

de soude en quantité notable provoque chez les porcs des vomissements, de la diarrhée, du météorisme, des coliques, parfois des troubles nerveux, des convulsions, et la mort en quelques heures avec signes apparents et lésions de gastro-entérite aiguë (Mathis).

Il suffit de connaître la cause pour pouvoir éviter ces accidents en proscrivant d'une façon absolue les résidus carbonatés.

## Intoxication par le sel marin ou la saumure.

On l'observe chez les animaux auxquels on a distribué des aliments additionnés de saumure comme condiment, ou encore du sel mal dénaturé avec des produits toxiques.

Les *symptômes* se traduisent par de l'augmentation de la soif, des vomissements et de la diarrhée. Plus tard, on observe des troubles moteurs et nerveux résultant de l'intoxication du système cérébro-spinal. La paralysie, les convulsions épileptiformes, le coma et la mort caractérisent les cas à marche suraiguë.

Les *lésions* macroscopiques sont celles des gastro-entérites aiguës. On peut observer, en plus, de la congestion de la muqueuse vésicale.

Le *traitement* est prophylactique et hygiénique : il faut éliminer de l'alimentation tout sel dont les propriétés sont douteuses, et combattre les troubles produits par les diurétiques, préférablement le bicarbonate de soude, qui n'irrite pas le rein, et les breuvages calmants. Les décoctions d'orge, les tisanes de pariétaire mélangées au lait et à une petite quantité de farine de froment compléteront cette médication tout hygiénique.

## Intoxication par les pommes de terre germées.

La germination hâtive donne aux pommes de terre des propriétés nocives. Chez les porcs, l'alimentation prolongée peut provoquer ces accidents, les premiers signes apparaissent après deux ou trois jours et se traduisent par de l'abattement, de la somnolence et du refus de manger.

Le pouls est imperceptible ; une diarrhée séreuse épuisante se prolonge jusqu'à la paraplégie et la mort.

A l'examen des viscères, la muqueuse gastrique apparaît avec une couleur rouge-cerise.

Comme traitement, on recommande la suppression absolue du régime, l'alimentation avec le lait pur, l'administration de tisanes de graines de lin et de décoctions d'écorces de chêne.

## Empoisonnement par le phosphore.

C'est un empoisonnement accidentel assez exceptionnel, mais dont il est bon d'être prévenu cependant, parce qu'il pourrait se produire dans nombre de fermes.

Lorsque les locaux d'exploitation agricole sont infestés par des rats, il est d'usage assez fréquent, pour se débarrasser de ces hôtes par trop incommodes, de répartir un peu partout de la pâte phosphorée (mort-aux-rats). Les rats qui en ont mangé vont mourir de tous côtés, dans les granges, les écuries, les étables, les porcheries. Les porcs, de même que les chats et les chiens, mangent volontiers ces cadavres et peuvent ainsi s'empoisonner, ainsi que le démontrent les autopsies qui permettent de découvrir des fragments reconnaissables dans l'estomac.

Les malades intoxiqués dans ces conditions perdent l'appétit de façon absolue, montrent de l'accélération respiratoire, des taches bleuâtres ou violacées sur le corps ou vers la base des oreilles, restent étendus sur le sol et meurent ainsi dans le coma (Jouquan).

Ils succombent, comme dans tous les cas d'intoxication, par le phosphore, avec des altérations de dégénérescence aiguë du foie et des reins.

Le traitement n'a que bien peu de chances de succès lorsque les premiers signes sont apparus ; cependant l'emploi d'un vomitif énergique, tel que l'ipéca à la dose de 1 à

4 grammes, ou l'émétique, 30 centigrammes à 1 gramme, selon la taille, peuvent rendre des services.

Le lait doit être proscrit de façon absolue, parce que c'est un dissolvant du phosphore, de même que l'huile.

L'essence de térébenthine, à la dose de 5 à 10 grammes, ou mieux le mélange à parties égales d'eau-de-vie, d'essence de térébenthine et d'eau est un antidote à recommander.

Mais l'indication prophylactique par excellence, c'est de ne pas employer la mort-aux-rats phosphorée là où il y a des porcheries.

# PARASITES DE L'APPAREIL DIGESTIF

## Échinococcose du foie.

On donne le nom d'échinococcose à l'affection provoquée par le développement dans l'épaisseur du foie des cysticerques du *Tænia echinococcus* du chien. Le porc est un animal très réceptif pour ces cystiques, mais cette affection ne se rencontre que chez les porcs qui sont menés aux pâturages, parce que c'est là seulement qu'ils se trouvent exposés à ingérer des œufs de *Tænia echinococcus* disséminés par les excréments des chiens.

*Étiologie.* — Absorbés avec les aliments ou les boissons, les embryons de *Tænia echinococcus* franchissent l'estomac sans être atteints dans leur vitalité ; ils arrivent dans l'intestin, perforent la muqueuse et les parois des veinules d'origine des veines mésentériques, se laissent emporter vers la veine porte par le courant de retour et se trouvent ensuite disséminés dans l'épaisseur du foie par le réseau porte sous-hépatique.

Les herbivores domestiques et sauvages peuvent de même contracter l'échinococcose ; toutefois, ce sont les sujets jeunes qui sont les plus exposés, et chez les adultes ou les âgés les migrations et le développement de l'embryon sont plus difficiles.

Ces embryons perforent le tissu de la glande, se fixent, et là se développent pour donner naissance à des vésicules kystiques, sortes de boules d'eau, de volume variable, stériles ou fertiles.

Le nombre des vésicules est généralement élevé ; mais, même dans ce cas, leur présence ne suffit pas à attirer l'attention. Chez l'espèce humaine, la présence d'une seule vésicule détermine des douleurs assez prolongées et assez graves pour justifier souvent une intervention chirurgicale mais, chez les animaux et chez le porc en particulier, il est exceptionnel que l'on en soupçonne même l'existence. C'est surtout une trouvaille faite lors de l'abatage.

Les vésicules kystiques contiennent un liquide clair, limpide, transparent, dans lequel nagent des vésicules secondaires, vésicules filles et petites filles.

*Symptômes.* — L'échinococcose hépatique n'a pas de symptômes bien accusés.

Les signes qui pourraient caractériser la période de pénétration des embryons à travers l'intestin ou dans l'épaisseur du foie et qui doivent coïncider avec des coliques légères, passent inaperçus.

Plus tard, lorsque le foie est largement envahi, l'appétit devient irrégulier, sans cause connue ; les sujets présentent de la diarrhée rebelle, de la faiblesse générale, de la tristesse et de l'amaigrissement ; mais ce sont là des signes insuffisants pour préciser une lésion viscérale déterminée, encore sont-ils loin d'être constants, et n'existent-ils que dans les cas de lésions massives.

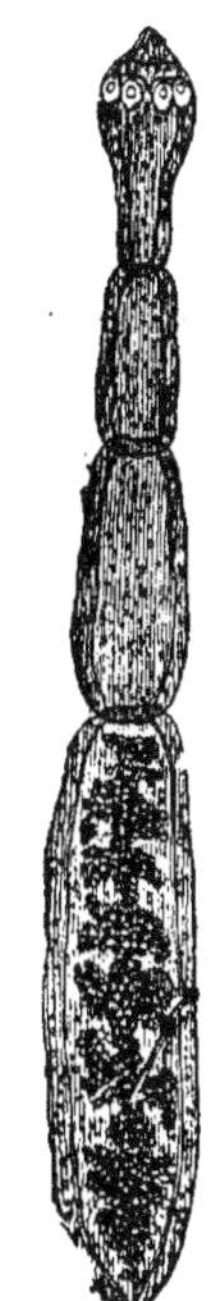

Fig. 16. — *Tænia échinococcus.*

Dans les cas d'échinococcose modérée, on peut dire qu'il n'y a pas de signes appréciables de maladie.

Le *diagnostic* n'est jamais fait cliniquement ; le serait-il qu'il ne comporterait jusqu'à ce jour aucune indication économique de traitement.

On ne peut songer en effet à un traitement local analogue à celui employé chez l'homme dans le cas de kyste hydatique simple (ponction suivie d'injection antiseptique, ou incision), et bien que l'on aie indiqué tout récemment qu'un traitement général par l'arséno-benzol puisse tuer et faire régresser les kystes d'échinocoques, de nouvelles expériences contestent formellement cette affirmation.

Chez les animaux abattus, la viande n'est pas malsaine si les sujets sont en état, mais le foie doit être saisi et

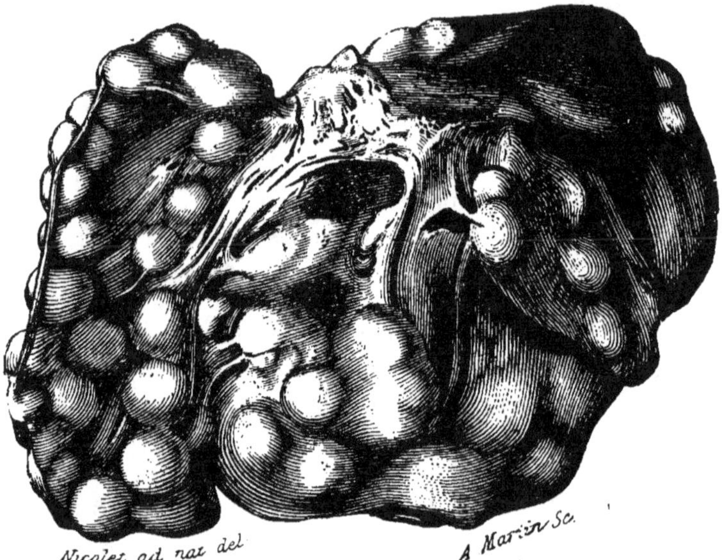



Fig. 17. — Foie de porc envahi d'échinocoques (Railliet).

détruit. On ne doit, en particulier, jamais le laisser consommer cru aux chiens, car ce serait le point de départ, chez ce dernier, du développement de nouveaux *Tænias echinococcus*.

## Distomatose.

La distomatose ou cachexie aqueuse (pourriture du foie), c'est-à-dire la cachexie progressive provoquée par le développement de parasites dans le foie (douves hépatiques), est infiniment moins fréquente chez les bêtes porcines que chez le bœuf ou le mouton. Elle ne se développe exclusivement que chez les animaux qui vont au pâturage, jamais

sur les sujets de porcherie, et encore, sur les sujets de pâturage est-elle moins fréquente que chez les autres animaux
de ferme, parce que les porcs ne tranchent pas les herbes
près du sol et ne se trouvent pas par suite aussi exposés
à s'infester que les bêtes bovines ou ovines.

Malgré cela, au cours de la grande épizootie de distomatose de 1910-1911, la cachexie aqueuse du porc a été
d'observation courante dans tout le centre de la France,
dans toutes les exploitations où la maladie faisait d'ailleurs
de plus grands ravages parmi les bœufs et les moutons.

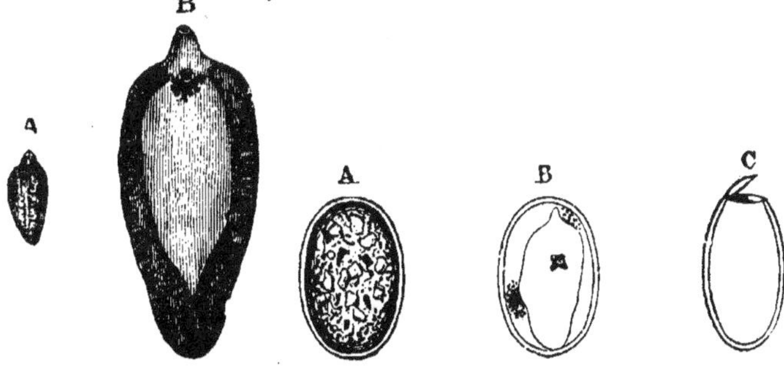

Fig. 18. — *Distoma he-*
*paticum.* A, jeune ;
B, adulte (Railliet).

Fig. 19. — Œufs de *Distoma hepaticum.*
A, dans les voies biliaires ; B, embryonné ;
C, après éclosion (Railliet).

La cachexie aqueuse du cochon est provoquée par le
développement d'un grand nombre de douves dans les
canaux biliaires. Ces douves ont exactement les mêmes caractères que celles que l'on rencontre chez les ruminants.

L'étiologie de la maladie, qui ne se voit sur le porc d'une
façon générale qu'en temps d'épizootie, se limite à l'ingestion de cercaires (stade de développement embryonnaire
capable de redonner des douves) enkystés sur les herbes
des pâturages. Les embryons mis en liberté dans l'estomac
et l'intestin gagnent le foie et les canaux biliaires, soit par
le canal cholédoque, soit par les veines, et se développent
ensuite dans ces canaux biliaires.

Les symptômes qui caractérisent la maladie ne sont autres que l'amaigrissement, l'anémie progressive et la cachexie, chez des animaux qui ont conservé l'appétit et qui devraient tout au moins se maintenir en état, sinon engraisser. Les sujets jeunes, de trois à six ou sept mois, sont ceux qui sont atteints de préférence.

La cachexie peut s'aggraver au point de provoquer la mort, lorsqu'il y a un grand nombre de douves dans le foie, ou lorsque ce viscère est perforé de tous côtés dans les infestations massives. Si ce nombre est restreint, les malades peuvent n'en souffrir qu'assez peu ou bien rester maigres, mais l'affaiblissement ne va pas jusqu'à la mort.

Le *diagnostic* ne peut être fait du vivant des sujets que par l'examen microscopique des excréments pour la recherche des œufs de douves ; cliniquement on ne l'établit que trop rarement de cette façon, et ce n'est bien souvent qu'après une première autopsie que l'on peut songer à la possibilité d'existence de cette affection chez d'autres sujets des mêmes exploitations ou des mêmes régions. En temps d'épizootie, c'est une affection à ne pas négliger.

Le *pronostic* n'est plus aujourd'hui ce qu'il était autrefois ; la maladie peut être guérie sans difficultés.

Les *lésions* sont celles de la cachexie aqueuse chez tous les animaux : anémie extrême, décoloration des tissus (viande blanche), infiltration œdémateuse généralisée (viande mouillée), disparition plus ou moins marquée de la graisse; présence de douves dans les canaux biliaires, altérations plus ou moins prononcées du viscère, parfois présence de perforations multiples compliquées de péritonite.

Le *traitement* consiste en l'administration, à jeun, en émulsion dans une ration de lait écrémé ou de tout autre aliment, d'extrait éthéré de fougère mâle (titré à un minimum de 15 p. 100 de principes actifs), à la dose moyenne de 5 grammes par jour par animal d'environ 30 à 35 kilogrammes. Cette médication, comme chez le bœuf ou le mouton, doit être prolongée cinq à six jours consécutifs. La dose devra être augmentée proportionnellement au poids, à raison de

1 gramme par 10 kilogrammes de poids vif. L'extrait éthéré est émulsionné dans le lait, ou émulsionné dans cinq à six fois son poids d'huile et mélangé aux aliments. Les porcs l'ingèrent volontiers seuls dans ces conditions, ce qui est infiniment plus commode et plus expéditif qu'une administration forcée. Les douves sont tuées dans le foie et éliminées, le rétablissement des malades n'est plus qu'une affaire de temps.

## Entérite vermineuse. — Helminthiase intestinale.
### *(Infestation vermineuse.)*

Les conditions d'élevage et les habitudes des animaux de l'espèce porcine les prédisposent tout particulièrement aux infestations vermineuses, soit qu'ils les contractent au dehors, au pâturage, soit au contraire à la porcherie.

Les adultes en souffrent peu, en apparence tout au moins, et résistent aux complications diverses qui peuvent en être la conséquence. Les porcelets, au contraire, selon leur âge, leur développement et les conditions de leur alimentation en souffrent plus ou moins, au point parfois d'en succomber.

C'est chez les tout jeunes, vers l'époque du sevrage, que les malades en souffrent le plus, et lorsque l'infestation parasitaire intestinale coexiste avec la broncho-pneumonie vermineuse, ce qui est fréquent, ces infestations parasitaires multiples et complexes peuvent provoquer de la mortalité à allure enzootique ou épizootique et simuler, dans une certaine mesure, l'affection que l'on désignait autrefois sous le nom de pneumo-entérite infectieuse. Cependant un examen clinique attentif et au besoin une première autopsie permettront toujours de faire un diagnostic différentiel.

Les malades présentent les premiers symptômes immédiatement après le sevrage; ils ne se développent pas, ne grandissent pas, restent souffreteux, maigrelets durant un temps variable, quelques semaines d'ordinaire, et succombent cachectiques, après avoir présenté de la diarrhée, de la toux. Ceux qui survivent semblent atteints d'une affection à marche chronique; à trois ou quatre mois, ils ne paraissent pas plus développés que des porcelets de deux mois, ils sont sans valeur économique et sans valeur marchande.

L'idée qui vient tout naturellement à l'esprit est celle de l'existence de la pneumo-entérite infectieuse, caractérisée aussi par la toux et la diarrhée ; toutefois, dans ces infestations parasitaires, les malades ne succombent pas aussi rapidement que dans la maladie infectieuse sus-visée ; la diarrhée est aussi moins intense que dans l'entérite infectieuse, et les malades paraissent plutôt atteints d'une véritable maladie de langueur que d'autre chose. Ils sont indolents, apathiques, anémiques, profondément déprimés,

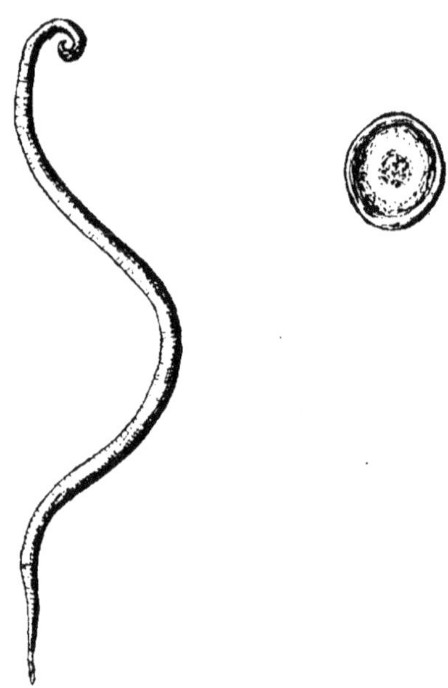

Fig. 20. — Ascaris du porc: *grandeur naturelle*: A. œuf d'ascaris grossi 130 fois.

sans vigueur, manquent d'appétit, ne grognent pas ou peu, restent toujours couchés.

L'aspect extérieur est celui de sujets ayant souffert assez longtemps; la peau est sale, grise, les soies raides, sèches et ternes.

*Diagnostic.* — Ces différents symptômes manquent cependant de valeur caractéristique, et, pour préciser un diagnostic, il importe ou de faire un examen microscopique des excréments, ou de faire une première autopsie.

L'examen histologique des excréments, si facile, permet de découvrir la présence d'œufs variés, donnant une idée nette de l'existence de l'infestation, de son intensité, et parfois aussi des variétés parasitaires vivant dans le tube digestif.

Dans les autopsies, il faut examiner tout le conduit digestif, de l'estomac au rectum, et, selon les cas, on peut rencontrer : dans l'estomac, le *Strongylus rubidus* ; dans l'intestin grêle, l'*Œsophagostomum dentatum*, l'*Ascaris suis* très grand, l'*Echinorynchus gigas* ; dans le gros intestin, le *Tricocephalus crenatus*.

*Pronostic.* — Le pronostic de l'entérite vermineuse est grave parce qu'elle porte un préjudice réel à l'élevage, parce qu'elle est trop souvent confondue avec autre chose, et parce que l'infestation vermineuse existant dans une porcherie se perpétue indéfiniment si l'on ne prend quelques précautions relatives au traitement.

Fig. 21. — Échinorynchose intestinale du porcelet. Parasites fixés sur la muqueuse intestinale éversée.

*Traitement.* — Le porc est d'ordinaire assez vorace pour qu'il soit possible d'éviter de lui administrer des médicaments de force ; et il est infiniment plus commode, quand cela se peut, de les incorporer aux aliments. Deux médicaments peuvent être utilisés contre les vers intestinaux, la noix d'arec fraîchement pulvérisée, à la dose de 3 à 5 grammes par jour chez des petits sujets de 8 à 15 kilogrammes, pendant six à sept jours de suite ; ou le *semen contra* aux mêmes doses et dans les mêmes conditions.

Mais ce traitement individuel ne suffit généralement pas, ou du moins l'infestation vermineuse reparaîtrait très vite si l'on ne tarissait la source ; aussi, comme d'ordinaire les animaux adultes sont atteints eux aussi, il faut les traiter de la même façon avec des doses de 5 à 10 grammes par jour des médicaments précités, pendant quatre à cinq jours ; l'administration devant se faire le matin à jeun, dans du lait ou une pâtée légère.

Il faut enfin, en plus, pratiquer une désinfection complète et parfaite des locaux, car cette désinfection est aussi utile que lorsqu'il y a maladie parasitaire externe ou maladie infectieuse.

En quelques semaines, on voit ensuite les anciens malades reprendre rapidement leur développement normal.

## Imperforation de l'anus.

Assez fréquente, cette anomalie de développement se présente à trois degrés :

Fig. 22. — Schéma de l'imperforation du rectum : 1er degré.

1º Le rectum est bien développé et arrive dans une position sous-cutanée sous la base de la queue ;

2º Le rectum est incomplet et se termine en cul-de-sac dans la cavité du bassin ;

3º Le rectum n'existe pas; le côlon flottant se termine en cul-de-sac à l'entrée du bassin.

L'imperforation chez le porcelet, n'est souvent dia-

gnostiquée que plusieurs jours après la naissance. La défécation ne peut avoir lieu, et le malade est fatalement

Fig. 23. — Distension de l'intestin et de l'abdomen comme conséquence
d'une imperforation de l'anus (porcelet âgé de 15 jours ; atrophie
congénitale d'un membre postérieur).

condamné si l'on n'intervient pour établir un anus artificiel.
Les petits malades tettent volontiers, n'éliminant pas le
ventre grossit d'une façon anormale. C'est alors seulement

que l'examen complet peut révéler l'imperforation anale.

Le traitement ne diffère pas de celui qui est applicable à tous les autres animaux.

Premier cas. — Le malade perd l'appétit, son abdomen reste distendu, et l'exploration de la région anale fait reconnaître la présence d'une tuméfaction rénitente qui bombe en arrière au moment des efforts. L'opération est des plus élémentaire et permet toujours de sauver les infirmes.

*Premier temps.* — Incision verticale de la peau de la

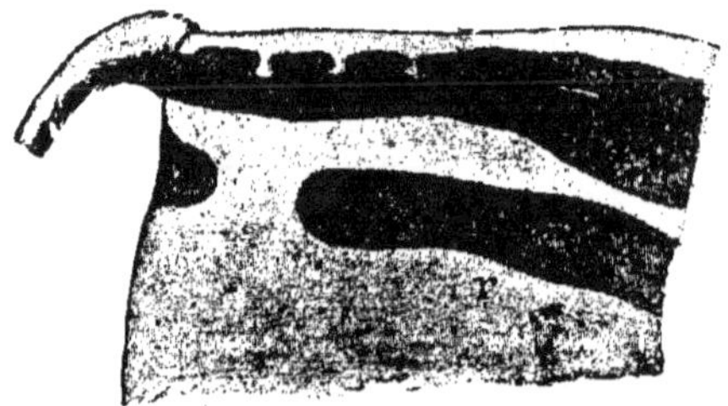

Fig. 24. — Schéma de l'imperforation rectale : 2ᵉ degré.

région sous-caudale. Le cul-de-sac rectal fait saillie sous l'incision.

*Deuxième temps.* — Ponction du cul-de-sac rectal, évacuation du contenu et suture à points séparés des lèvres des plaies cutanée et rectale. L'anus est établi, mais sans sphincter.

Deuxième cas. — Les symptômes généraux sont les mêmes, et très souvent il existe d'autres atrophies ou arrêts de développement. L'opération est quelque peu compliquée :

*Premier temps.* — Incision cutanée verticale sous-caudale.

*Deuxième temps.* — Exploration, de la cavité du bassin, à l'aide de pinces à pansements ou de pinces à pression, par dilacération des plans conjonctifs. Recherche du rectum ou du cul-de-sac du côlon flottant. Lorsqu'il est découvert, il est pincé entre les mors plats des pinces, et attiré doucement vers l'orifice de l'anus artificiel.

*Troisième temps.* — Ponction du cul-de-sac du côlon et suture à la plaie cutanée comme dans le cas précédent.

Comme chez les animaux des autres espèces, on peut se trouver en présence d'un troisième cas, où l'extrémité du côlon reste dans l'abdomen. — Il y aurait indication, dans ce dernier cas, d'établir un anus artificiel dans la région du flanc droit, mais le peu de valeur des porcelets nouveaunés ne justifie pas pareille intervention, qui d'ailleurs ne resterait pas sans inconvénients même si elle réussissait.

## Renversement du rectum.

Il s'observe chez le porcelet et à des degrés très variables. Tant que, dans le renversement, il ne se produit pas de déchirures ou de gangrène de la muqueuse, il y a indication de réduire. Le moignon renversé est lavé soigneusement, huilé et refoulé progressivement avec le pouce et l'index des deux mains appliquées à plat de chaque côté de l'anus. Pour que la réduction soit plus facile, il est avantageux de limiter les efforts expulsifs en maintenant la bouche ouverte par l'application d'un morceau de bois en guise de mors. S'il y a nécessité, on soulève le malade par les jarrets.

En cas de tendance à la reproduction, Dumolin conseille l'application de deux bourdonnets placés en croix de Saint-André et noués en cocarde en arrière. L'emploi d'un suppositoire facilite la guérison.

Certains préfèrent, pour éviter la récidive, la suture en bourse pratiquée sur le doigt. L'orifice anal se trouve limité dans son ouverture ; le renversement ne peut plus se produire.

Au second degré, lorsque le prolapsus rectal s'est reproduit à différentes reprises, que la muqueuse rectale est mortifiée par places ou gangrenée, et que des complications de pelvi-péritonite sont à redouter, il vaut mieux amputer le moignon renversé.

Le malade est immobilisé en position debout ou couchée, et un lavement évacuant est administré pour se débarrasser du contenu rectal. La partie herniée est explorée attentivement, car il arrive parfois que des anses intestinales sont aussi venues se loger dans la dilatation de la fossette péri-

Fig. 25. — 1, renversement rectal et vaginal ; 2, schéma de superposition des cylindres rectaux ; 3, premier temps, schéma d'immobilisation des plans superposés ; ces quatre points de suture doivent être placés l'index gauche étant introduit dans le rectum ; 4, suture circulaire à points séparés après amputation.

tonéale qui a suivi le renversement rectal. La réduction doit en être opérée au préalable, et, au besoin, pour la faciliter, le patient peut être soulevé ou même suspendu par le train de derrière.

L'opération d'amputation du moignon renversé comprend deux temps :

1º Immobilisation des deux cylindres organiques superposés par deux ou quatre points de suture à la soie, placés à 1 centimètre du pourtour de l'anus ;

2º Amputation circulaire du moignon. Suture à la soie, en surjet ou à points séparés des lèvres des plaies ; réduction.

Le malade est tenu à la diète lactée pendant huit jours, avec boissons ou tisanes laxatives à discrétion.

Certains opérateurs recommandent de tirer sur le moignon pour être sûr d'opérer en tissu sain, en faisant d'abord une suture de bourrelet, puis ensuite l'ablation du moignon.

La complication possible est la pelvi-péritonite par arrachement de points de suture et infection d'origine intestinale.

Pour éviter les lenteurs inévitables de l'opération avec résection et suture, Dumolin recommande l'emploi de la ligature élastique double sur le moignon. L'adhérence des moitiés de cylindres rectaux superposés aurait le temps de se faire avant la chute du moignon. L'opération est certainement plus expéditive, mais il semble que les complications soient aussi plus à redouter.

Lorsque les méthodes ordinaires échouent, il reste à essayer comme suprême ressource la colopexie, à la condition que le segment renversé ne soit pas frappé de gangrène. A cet effet, on pratique, selon les règles de l'antisepsie, une laparotomie dans le flanc ; on va à la recherche du côlon flottant et du rectum, par des tractions modérées vers l'avant ou réduit le renversement, et, lorsque cette réduction est obtenue, on fixe la partie antérieure du rectum au péritoine pariétal. Cette fixation doit être faite sur 2 à 3 centimètres de longueur par une suture au catgut, à l'aide d'une aiguille fine, et elle ne doit porter que sur la musculeuse et la séreuse de l'intestin. La plaie abdominale est ensuite réparée, et la cicatrisation par première intention doit être obtenue.

## Ascite.

L'ascite ne se rencontre chez le porc que dans des conditions étiologiques très limitées, ce qui fait que l'on peut ordinairement en prévoir l'origine, même par un simple examen très superficiel. En principe, tous les obstacles à la circulation de retour, et plus particulièrement les lésions du foie (cirrhose, foie cardiaque, échinococcose), déterminent de l'ascite ; elle est provoquée aussi par les affections cardiaques (endocardites et péricardites).

Parmi les causes occasionnelles, deux sont particulièrement fréquentes, les endocardites valvulaires végétantes chroniques, consécutives au rouget, et l'échinococcose hépatique massive ; les autres peuvent être considérées comme d'ordre tout à fait secondaire.

Les symptômes de l'ascite sont ceux que l'on rencontre dans toutes les espèces animales : gros ventre élargi de façon très variable vers le bas, lorsqu'on l'examine directement en avant ou én arrière. Parfois, mais seulement dans les formes lentes et chez les animaux d'un certain âge, le dos peut être modérément ensellé, les flancs creux.

La percussion abdominale permet de reconnaître de la matité absolue, le phénomène du flot, du côté opposé, par suite de la propagation du mouvement imprimé à l'ondée liquide par la percussion elle-même.

L'exploration un peu brutale, en secouant l'abdomen du malade, fait aussi souvent apparaître le bruit de clapotement ou bruit de liquide tout à fait pathognomonique.

Le diagnostic est généralement assez facile, parce que les malades s'alimentent moins bien, restent tristes et nonchalants, se montrent comme anémiques par suite de la pâleur des muqueuses, qui est assez constante. Si l'épanchement ascitique est abondant, le diaphragme se trouve comprimé, la respiration en est gênée et plus ou moins accélérée. D'ailleurs, étant donné le point de départ le plus fréquent de l'état morbide par lésions d'endocardite chronique, il existe très souvent aussi de l'épanchement pleural de même origine, même nature et mêmes caractères que l'épanchement péritonéal.

*Pronostic.* — Le pronostic est particulièrement grave, puisque les lésions qui déterminent l'ascite sont ordinairement incurables.

*Traitement.* — Il n'y a aucune utilité à tenter ou à prolonger des traitements qui n'ont que peu de chances de réussir, ou de ne représenter tout au moins que des palliatifs.

La ponction de l'abdomen (paracentèse) pour l'évacuation du liquide collecté, pratiquée aseptiquement en région déclive, en arrière de l'ombilic, et par côté, est la seule intervention économique. Si elle n'amène pas d'amélioration, l'abatage hâtif est indiqué lorsque le diagnostic est nettement assuré.

## Pneumatose mésentérique.

Fort anciennement connue, cette altération désignée sous les noms d'*emphysème intestinal*, d'*emphysème mésentérique*, de *kystes gazeux mésentériques*, n'a aucune importance au point de vue clinique.

Elle est caractérisée au point de vue anatomo-pathologique par la présence de petites vésicules transparentes, réparties à la surface de l'intestin grêle ou dans l'épaisseur du mésentère. Ces vésicules, qui varient du volume d'une tête d'épingle à celui d'un pois ou même d'une noisette, représentent de véritables kystes gazeux transparents, à reflets irisés et à contenu inflammable. Ces kystes sont fréquemment groupés en véritables grappes.

On a voulu leur attribuer une origine mécanique, comme conséquence de constipation opiniâtre et de fermentations anormales dans l'intestin, des gaz s'échappant au travers de micro-traumas, jusque sous la séreuse intestinale. C'est une explication qui paraît inadmissible, l'emphysème simple ne pouvant déterminer la présence de véritables kystes à parois distinctes. Il semble qu'une origine microbienne soit plus acceptable, et on a, d'ailleurs, attribué leur évolution à différents agents producteurs de gaz, en parti-

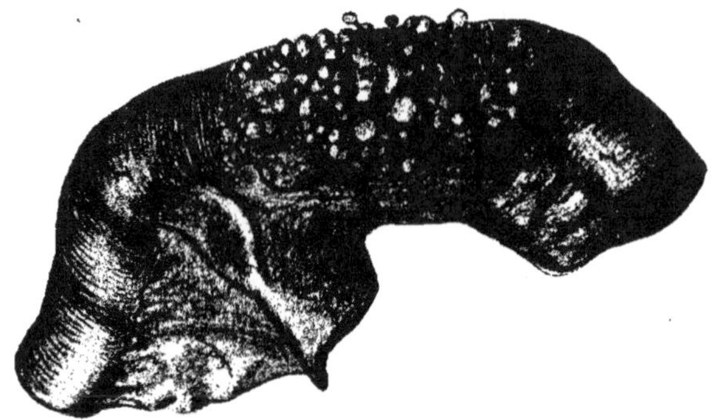

Fig. 26. — Kystes gazeux de l'intestin. Disposition en grappe.

culier au *B. coli aérogenes*. Fairise et Charton considèrent ces kystes comme constitués aux dépens de lacunes lymphatiques, et ils pensent que le mode d'alimentation doit jouer un rôle dans leur évolution parce qu'ils en ont observé des cas multiples dans certaines exploitations.

Il ne semble pas que la pneumatose intestinale provoque de troubles pathologiques ; c'est une trouvaille d'autopsie sans conséquences.

# MALADIES DE L'APPAREIL RESPIRATOIRE

## Coryza aigu contagieux.

Sous le nom de *Maladie du reniflement*, on a décrit dans ces dernières années en Allemagne (Hutyra et Marek), une affection qui serait caractérisée par l'inflammation généralisée de la pituitaire. Cette affection serait capable de prendre l'allure enzootique dans les élevages de porcelets, et son agent pathogène serait le *B. pyocyanus*.

J'ai constaté pour ma part bon nombre d'enzooties; j'ai relevé de grands chiffres de mortalité; je n'ai pas vu sévir l'affection dont il s'agit, ce qui ne veut pas dire qu'elle n'existe pas en France.

La signification qu'il faut lui accorder est en tout cas celle qui me paraît répondre à l'appellation de coryza aigu, et non à celle de maladie du reniflement proprement dit, qui, en Allemagne (Harms, Wolf, Ostertag) comme en France était réservée à des altérations spéciales et tardives de l'ostéomalacie ou de la cachexie osseuse. Il est vrai que d'autres auteurs allemands, Schneider, Anacker, Imminger, en faisaient déjà une maladie spéciale, mais c'est Koske qui, en 1906, démontra par l'expérimentation qu'il existait et que l'on pouvait provoquer avec le bacille pyocyanique une inflammation aiguë de la muqueuse nasale, susceptible de revêtir un caractère contagieux.

*Symptômes.* — La maladie apparaîtrait de préférence chez des sujets de trois à six mois, se traduisant dès le début par une fièvre intense, 41°, la perte d'appétit, l'inquiétude, l'anxiété, la tendance aux éternûments et à l'expulsion de produits gênants de l'intérieur des cavités nasales.

Dès le second jour, la respiration devient difficile, pénible, bruyante, fort souvent accompagnée d'épistaxis et d'infiltration manifeste de la pituitaire. Vers le troisième jour, il est fréquent d'enregistrer des troubles cérébraux variés s'accompagnant de vertige et d'accès convulsifs suivis de périodes d'abattement et de prostration.

La marche de l'affection est toujours rapide, la terminaison souvent fatale entre le troisième et le sixième jour.

Mais il existe aussi une forme subaiguë à symptômes moins graves, au cours de laquelle les malades peuvent encore avoir de légères convulsions, des troubles respiratoires moins marqués, de l'appétit irrégulier et un ensemble moins inquiétant. La mort peut cependant encore être la conséquence de cet état spécial, après des semaines ou même des mois.

*Étiologie.* — D'après Koske, tous ces accidents devraient être rapportés à une infection locale de la pituitaire par le bacille pyocyanique, lequel, très répandu dans la nature, pourrait, dans des conditions indéterminées, acquérir une virulence exceptionnelle et causer les accidents dont il s'agit. Dans les exploitations abritant des malades, les produits du jetage dissémineraient le contage partout, et l'infection des sujets bien portants jusque-là ne serait plus que la conséquence du séjour dans le milieu dangereux. L'infection se cantonnerait de préférence dans la profondeur des cavités, vers les volutes ethmoïdales, donnerait de l'inflammation congestive et hémorragique de toute la pituitaire et serait susceptible de se propager jusqu'aux méninges par la région des lobes olfactifs ; de là les troubles généraux et cérébraux si graves qui caractérisent les formes aiguës et précèdent la mort.

Koske aurait montré expérimentalement l'évolution de ces différents phénomènes et signalé même que la toxine pyocyanique serait capable, à elle seule, de provoquer les mêmes troubles.

L'expérimentation dira dans l'avenir si ces affirmations se trouvent confirmées et démontrées.

*Lésions.* — Les lésions sont caractérisées par une teinte rouge noire de la pituitaire, par la congestion sous-périostique de l'ethmoïde, l'infiltration des g: 'nes des nerfs olfactifs, et l'altération des méninges. Kosk, cite encore la présence d'une sérosité rougeâtre en quantité anormale dans les ventricules cérébraux, et par exception l'existence d'un épanchement dans les grandes séreuses.

*Diagnostic.* — Le coryza contagieux aigu du porc ne peut être confondu avec aucune autre affection, en raison même de sa rapidité d'évolution, de sa symptomatologie très caractéristique et de sa terminaison si rapidement grave.

*Traitement.* — La séparation des malades et la désinfection des locaux contaminés représentent deux mesures de prophylaxie nécessaire et indispensable si l'on veut éviter les conséquences de la contagion.

Le traitement curatif est basé tout entier sur les soins locaux, lavages antiseptiques des cavités nasales, fumigations antiseptiques phéniquées, crésylées, créosotées, etc., en attendant la recherche et peut-être l'application d'un traitement spécifique, s'il y avait lieu.


## Angines.
### *(Esquinancie, étranguillon, mal de gorge.)*

Le terme d'angine est toujours couramment employé pour désigner les inflammations banales ou spécifiques de l'arrière-bouche, du pharynx et même du larynx, mais sous ce qualificatif on a naturellement groupé des affections très diverses et très différentes comme origine, depuis les inflammations banales résultant de l'action du froid, de l'action irritative directe d'aliments trop chauds, caustiques, irritants, etc., jusqu'aux inflammations spécifiques les mieux caractérisées, telles que l'angine charbonneuse.

Aristote signalait l'angine comme l'une des principales maladies de l'espèce porcine. Lafosse, Raynal (1872), Bénion signalent et distinguent déjà l'angine aiguë, avec ou sans complication de gangrène, l'angine couenneuse ou croupale, l'angine charbonneuse.

Il est certain que ce chapitre de la pathogénie porcine, comme beaucoup d'autres, mériterait de grandes précisions, car, si l'angine aiguë peut s'expliquer par des influences banales, la complication d'érysipèle et de gangrène doit être élucidée dans son étiologie.

L'angine couenneuse ou croupale doit être rapportée à la diphtérie du porc ; quant à l'angine charbonneuse, sa cause est connue.

*Angine aiguë.* — Son origine et son évolution doivent être rapportées aux influences banales de l'action du froid, d'aliments ou de boissons irritantes facilitant une infection par les microbes vulgaires qui vivent dans la cavité buccale.

Lorsqu'on pratique un grand nombre d'autopsies, ou que l'on examine la région pharyngienne de nombreux sujets abattus, on constate assez fréquemment des inflammations d'intensité variable de la muqueuse pharyngienne, des engorgements des amygdales, parfois même la présence de petits abcès amygdaliens. Ces états, qui dénotent une infection fréquente et comme permanente de la région de la gorge, facilitent bien entendu les poussées inflammatoires aiguës qui caractérisent l'angine banale, et suivant qu'il y a ou non phlegmon ou abcès des amygdales, les manifestations morbides peuvent beaucoup varier d'intensité.

I. *Angine simple.* — Les malades, comme toujours d'ailleurs lorsqu'il s'agit d'affections un peu graves, restent couchés dans la litière, refusent la nourriture, refusent de manger ou présentent de la difficulté pour avaler ; ils sucent leurs buvées mais déglutissent peu et montrent manifestement de la difficulté pour avaler.

La respiration est difficile, bruyante, parfois sifflante, s'accompagnant de quintes de toux sèche, rauque ou grasse, selon la période de la maladie, surtout au moment où les malades cherchent à s'alimenter.

Parfois, dans les cas particulièrement graves et plus spécialement lorsqu'il y a phlegmon des amygdales ou tendance à la formation d'un abcès, la région de la gorge paraît empâtée, épaissie, élargie, parfois très nettement œdémateuse. Elle est toujours sensible et douloureuse à des degrés divers, mais bien difficilement appréciables.

Les yeux paraissent alors injectés, pleureurs, la conjonctive congestionnée et œdémateuse.

La difficulté respiratoire peut être telle qu'il y ait danger d'asphyxie.

L'évolution se fait en quatre à cinq ou six jours, puis il y a atténuation progressive des différents symptômes, respiration plus facile, retour de l'appétit et guérison progressive assez rapide, qu'il y ait eu ou non abcédation de la région amygdalienne.

L'exploration visuelle de l'arrière-bouche pourrait, dans toutes les circonstances, fournir de précieux renseignements; malheureusement, elle n'est bien praticable que chez les petits sujets.

Chez les autres, l'obligation de coucher les malades de façon à ouvrir largement la gueule dans la situation où l'éclairement direct peut être le plus intense, la difficulté d'immobilisation, les dangers de confier à des mains inhabiles le soin d'immobiliser un bâton ou un spéculum entre les mâchoires, font que l'on se prive le plus souvent de cette méthode d'exploration pour s'en tenir aux symptômes extérieurs.

Le *diagnostic* n'est généralement pas très difficile, et bien souvent d'ailleurs les éleveurs ne consultent pas pour cette forme simple de l'affection.

Le *pronostic* peut être inquiétant durant une assez courte période; cependant il est favorable pour la grande majorité des cas.

Le *traitement* est à peu près exclusivement hygiénique. Il faut laisser les malades dans la tranquillité parfaite, dans un local à température tiède, leur distribuer comme nourriture des aliments très fluides, du lait entier, écrémé ou caillé.

S'il y a des symptômes alarmants et menace d'asphyxie, on pourra recourir à l'application d'un sinapisme sous la gorge.

II. *Angine érysipélateuse.* — La forme érysipélateuse ou gangreneuse est caractérisée par l'extrême difficulté de la respiration qui devient râlante chez des malades, lesquels tiennent la bouche béante, la langue pendante, et montrent avec des muqueuses violacées, un engorgement

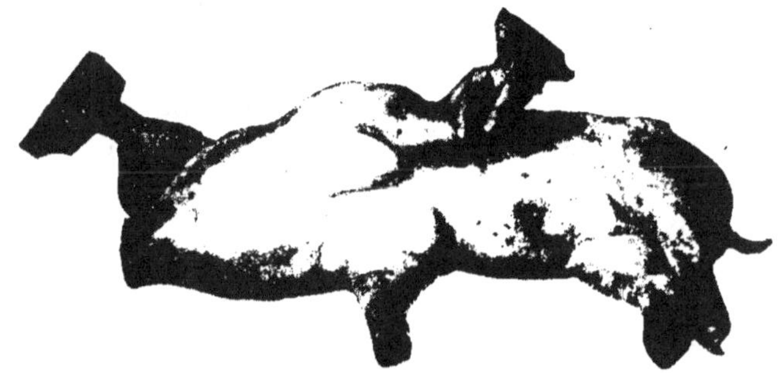

Fig. 27.

œdémateux progressivement croissant de la région du pli de la gorge. En vingt-quatre ou trente-six heures, l'engorgement, comme dans la septicémie gangreneuse, gagne la région inférieure du cou, les parties latérales de l'encolure, la région de l'entrée de la poitrine, même la région des aisselles.

Comme dans l'érysipèle, des phlyctènes peuvent apparaître avec un suintement plus ou moins abondant ; suivant l'expression populaire, la sérosité semble perler au travers de la peau. C'est d'ailleurs, en apparence, le seul caractère distinctif d'avec l'angine charbonneuse (fig. 27), et bien que le diagnostic différentiel des deux affections ne puisse être basé sur ce simple symptôme, il y a là un élément qu'il ne faut pas négliger.

L'épiderme s'enlève au simple frottement (Raynal, Bénion), les soies s'arrachent, des marbrures apparaissent par places indiquant l'évolution de la gangrène. La prostration est alors extrême, les malades n'ont plus la force de se tenir, ils restent étendus, presque inertes, et meurent en trente-six à quarante-huit heures.

Les lésions de cette forme spéciale encore mal étudiée et qui relève peut-être d'une infection par le vibrion septique, sont surtout caractérisées au début par une infiltration considérable de tous les tissus lésés par une sérosité citrine, qui donne aux plans conjonctivo-graisseux un aspect gélatineux tremblottant très particulier.

Dans les points où la gangrène est confirmée, les tissus deviennent noirâtres, et l'infiltration avoisinante prend l'aspect rougeâtre sale.

*Diagnostic.* — Le diagnostic prête toujours à confusion avec l'angine charbonneuse, le diagnostic différentiel ne pourrait être établi que par des recherches bactériologiques et expérimentales.

*Pronostic.* — Le pronostic doit être considéré comme extrêmement grave, fatal pour la très grande majorité des cas.

*Traitement.* — Le traitement comporte tout d'abord l'isolement complet des malades, la désinfection des locaux habités. Il y a lieu ensuite d'agir avec énergie et sans ménagements par l'application de très nombreuses pointes de feu pénétrantes dans la région de la gorge, voire même par de larges incisions au thermo-cautère, qui, en permettant l'écoulement abondant de l'infiltrat, limitent les dangers d'asphyxie. Ces interventions nécessitent ultérieurement l'application d'un pansement protecteur local pour éviter des infections surajoutées.

Du lait et des boissons nutritives additionnées d'une petite quantité d'émétique et de quinine seront laissées à la disposition des malades.

## Angine diphtéritique,
### (*Angine couenneuse.*)

La nature de l'angine pseudo-membraneuse ou diphtéritique du porc, encore désignée parfois sous le nom de laryngite croupale, d'angine couenneuse, n'a pas été établie par l'expérimentation. Ce que l'on sait, c'est que certaines angines, que l'on pourrait prendre de prime abord pour des angines aiguës, se compliquent de telle façon qu'il y a formation de fausses membranes donnant des exsudats adhérents sur les amygdales, dans le pharynx et aussi dans le larynx. Très certainement il y a un agent spécifique, qui, comme dans la diphtérie humaine ou le coryza gangreneux des bovidés, provoque la formation de ces fausses membranes.

Cette forme d'angine, que l'on mettait autrefois sur le compte exclusif des mauvaises conditions hygiéniques ou du tempérament des sujets atteints, et que l'on disait frapper de préférence les races perfectionnées (Magne), paraît beaucoup plus rare aujourd'hui qu'autrefois. Magne disait qu'elle revenait de préférence vers la fin de l'été et pouvait frapper plusieurs sujets en même temps.

*Symptômes.* — Les symptômes se caractérisent par ceux d'une maladie fébrile quelconque : tristesse, inappétence, prostration; puis ceux d'une angine aiguë grave avec respiration difficile, pénible ou sifflante, selon le moment où l'examen est fait. La déglutition étant difficile, il y a salivation et jetage muco-purulent ou chargé de petits débris de fausses membranes.

Dans les formes particulièrement graves, la respiration devient dyspnéique avec menace d'asphyxie progressive; la région des ganaches et du pli de la gorge se montre empâtée, modérément œdémateuse, beaucoup moins que dans l'angine érysipélateuse ou charbonneuse; les malades cherchent à respirer la bouche ouverte, l'asphyxie paraît parfois imminente.

La muqueuse buccale est congestionnée, violacée, de même que la pituitaire et la muqueuse oculaire, faisant prévoir presque à première vue ce que l'on pourrait découvrir à l'examen direct de la profondeur de la cavité buccale. Mais cet examen est particulièrement difficile chez le porc, plus encore que chez aucun autre animal domestique, et les efforts que l'on pourrait tenter pour l'exploration suffiraient bien souvent à provoquer la suffocation et la syncope respiratoire.

La durée d'évolution est d'une huitaine de jours, mais la mort peut arriver dès le quatrième ou le cinquième jour. Un certain nombre de malades peuvent guérir spontanément sans aucune médication. L'amélioration est annoncée par la fréquence des accès de toux, au cours desquels des débris plus ou moins grands de fausses membranes peuvent être rejetés par les narines ou par la bouche.

Dans les cas mortels, il y a fréquemment complication de broncho-pneumonie.

Les lésions sont caractérisées par la violence de l'inflammation des muqueuses amygdalienne, pharyngienne et laryngienne, qui sont épaissies, œdémateuses, recouvertes de fausses membranes grisâtres, adhérentes, putrilagineuses, d'épaisseur variable. Au delà et en deçà, la muqueuse de la trachée et celle de l'arrière-fond des cavités nasales sont elles aussi violemment congestionnées.

*Traitement.* — Un traitement spécifique pourrait seul assurer le succès certain, mais ce traitement n'est pas trouvé. Les anciens auteurs ont recommandé les attouchements avec une solution de nitrate d'argent à 2 p. 100 ; ils sont d'utilisation à peu près impossible. La révulsion sur la gorge est elle-même fort difficile, c'est dire par conséquent qu'on est à peu près désarmé. Peut-être y aurait-il lieu d'essayer les injections de sérum antidiphtérique et antistreptococcique ; l'avenir dira ce qu'il en faut attendre.

En Allemagne, où l'affection est décrite sous le nom de laryngite croupale, on conseille les injections sous-cutanées de solutions de vératrine, 20 à 30 centigrammes en solution alcoolisée, comme facilitant l'élimination des fausses membranes.

## Congestion pulmonaire.

La congestion pulmonaire est un accident très fréquent chez les porcs adultes, spécialement chez les sujets très gras.

Abandonnés à eux-mêmes, au repos complet, les sujets très gras, durant la saison des chaleurs, souffrent visiblement de l'excès de température ; ils se montrent essoufflés, quelquefois à demi suffocants. Il n'est pas prudent de conserver ou d'engraisser à l'excès des sujets déjà très gras, durant la saison chaude.

Mais les accidents de congestion pulmonaire et de mort par asphyxie se voient sur les animaux que l'on oblige à marcher, ou surtout sur les animaux transportés en commun en voiture ou dans les wagons.

Nombre de marchands, pour bénéficier de tarifs réduits, entassent les animaux en trop grande quantité dans des voitures ou des wagons mal aménagés pour la saison, et ils ont à déplorer parfois des pertes multiples résultant de leur manque de précautions, si les trajets à parcourir sont assez longs.

Les animaux rassemblés par bandes s'agitent, se tourmentent les uns les autres, s'essoufflent, se piétinent, s'entassent et s'étouffent si les véhicules ne sont pas à claires-voies ; même dans ces conditions les accidents, pour moins fréquents, sont toujours à redouter.

Les animaux sont trouvés morts ou mourants à l'arrivée, assez souvent même avec des signes extérieurs pouvant faire croire au rouget (plaques cutanées violacées ou noirâtres), au charbon (congestions viscérales très marquées, sang incoagulé), à la pneumonie contagieuse.

Il peut arriver certes qu'il y ait des cas de morts en cours de route dus à ces différentes maladies, mais le plus souvent les choses sont plus simples, et les cochons succombent tout simplement d'asphyxie.

L'agitation des animaux enfermés ensemble, le manque de ventilation, l'accumulation en milieu confiné de l'acide carbonique rejeté par l'expiration, suffisent amplement à expliquer l'essoufflement d'abord, l'anhélation ensuite, l'asphyxie progressive, la congestion pulmonaire et la mort. Néanmoins, comme ces accidents se voient presque exclusivement sur les sujets gras amenés dans les marchés des grandes villes, l'examen sanitaire des sujets sacrifiés *in extremis* doit toujours être exercé très rigoureusement avant toute autorisation de vente des viandes ainsi préparées.

Il suffit de connaître la possibilité de ces accidents pour en faire facilement le diagnostic dans des circonstances déterminées.

Le pronostic ne comporte aucune indication spéciale, sauf pour l'utilisation des produits, ainsi qu'il vient d'être indiqué.

Quant au traitement, on peut dire qu'il n'y en a pas et que tout doit se borner à des précautions qui découlent de l'expérience acquise : autant que possible, ne pas faire voyager de cochons très gras durant les saisons chaudes. S'il y a obligation, ne jamais négliger de faire voyager la nuit de préférence, dans des voitures ou des wagons à claires-voies, et sur des planchers abondamment arrosés pour entretenir une certaine fraîcheur. Lorsque, au débarquement, des animaux paraissent en état d'asphyxie, il y a indication de les placer pendant quelques heures, ou davantage si possible, en plein air et de pratiquer des saignées locales (oreilles et queue) ; si l'animal se rétablit et si la respiration revient à son rythme normal, la qualité des viandes, dans la suite, n'est que peu modifiée.

En cas d'imminence de mort, il n'y a qu'à sacrifier promptement par jugulation et à suspendre aussitôt les sujets pour favoriser la saignée, l'abondance de l'écoulement sanguin ne pouvant ici encore qu'être utile à la qualité des chairs.


## Bronchite, pneumonie, pleurésie, pleuro-pneumonie.

Dans la plupart des écrits qui datent de trente à cinquante ans, on trouve décrites comme affections communes, fort bien connues d'une façon générale, celles désignées sous les noms de bronchite, pneumonie, pleurésie et pleuro-pneumonie ; par analogie surtout avec ce qui est enregistré chez l'homme, le cheval, le chien, etc.

Il est certain, *a priori*, que ces affections doivent pouvoir exister, puisque les influences qui les font naître chez les autres espèces (refroidissement brusque, froid continu, action des pluies glaciales, des courants d'air, etc.), peuvent se retrouver pour l'espèce porcine ; mais les conditions actuelles d'existence et d'entretien des animaux de l'espèce porcine, en France, font qu'elles ne doivent évoluer que dans des circonstances très exceptionnelles, puisque les sujets de l'espèce porcine sont, par définition, entretenus dans l'oisiveté la plus absolue au sein de l'abondance. C'est l'une des conditions de réussite de l'élevage du cochon ; par conséquent, les influences extérieures, les intempéries, la fatigue, le surmenage, etc., ne peuvent avoir que peu ou pas d'action.

Pour mon compte, j'ai vu un assez grand nombre de malades de l'espèce porcine, et je suis arrivé à me faire cette conviction que l'on avait commis autrefois de très nombreuses erreurs d'interprétation en décrivant *comme maladies communes* des voies respiratoires : du coryza simple, de la bronchite aiguë ou chronique, de la pneumonie franche, de la pleurésie aiguë, de la pleuro-pneumonie, etc. Je ne veux pas nier, bien loin de là, la possibilité de ces affections ; je tiens à affirmer tout simplement qu'elles sont exceptionnellement rares quand on les envisage comme maladies inflammatoires primitives, purement irritatives, dues à des influences extérieures ordinaires. Par la lecture comparée des auteurs, j'ai acquis la certitude que l'on avait confondu le coryza, par exemple, avec la maladie du reniflement, la bronchite simple ou la pneumonie avec les broncho-pneumonies vermineuses ou la pneumonie contagieuse, la pleurésie et la pleuro-pneumonie avec les complications tardives de la pneumonie vermineuse ou de la pneumonie contagieuse, etc.

D'un autre côté, les animaux de l'espèce porcine sont toujours trop indociles pour que l'on puisse compter faire un examen méthodique de la poitrine et enregistrer les signes rationnels ou différentiels des affections ci-dessus désignées, permettant d'en établir un diagnostic précis.

Ce diagnostic, quand il peut être recherché, doit être basé, à mon avis, sur les données suivantes :

Apparemment, la bronchite simple se traduit par les mêmes signes extérieurs que la bronchite vermineuse (Voir *Bronchile vermineuse*): Tristesse plus ou moins marquée, fièvre modérée, toux, accélération respiratoire, parfois jetage léger ; mais l'examen du jetage et des excréments pour la recherche des parasites ou des œufs permettra d'établir un diagnostic différentiel à peu près certain. D'autre part, une bronchite simple apparaît comme cas isolé dans un élevage ; sa durée est limitée à une semaine ou deux, tandis que la bronchite vermineuse frappe d'ordinaire tout un élevage et se montre d'une durée infiniment plus prolongée que la première.

De même la pneumonie simple, dans les bien rares cas où elle pourrait évoluer, apparaîtra elle aussi comme cas isolé ; sa durée sera limitée à une quinzaine, elle s'accompagnera de jetage rouillé (d'après les anciens auteurs), de fièvre intense, de perte très marquée de l'appétit, etc. Dans la pneumonie vermineuse, la pneumonie contagieuse, il y aura au contraire des cas multiples de maladie, la durée sera beaucoup plus prolongée ; on découvrira des œufs ou des parasites dans les excréments, ou bien on enregistrera des cas indubitables de contagion des animaux sains aux animaux malades, etc.

En résumé, en tenant compte de l'extrême rareté des affections purement inflammatoires des voies respiratoires et qualifiées par cela même de bronchite simple, de pneumonie franche et de pleurésie aiguë, il sera assez facile d'établir un diagnostic exact et, par suite, un traitement logique.

Le kermès a des doses variant de 0$^{gr}$,50 et 1 à 4 grammes selon la taille, l'émétique aux doses de 0$^{gr}$,25, 0$^{gr}$,50 et 1 gramme selon la taille, incorporés aux aliments ou à du miel, pourront être utilement conseillés. La révulsion sous forme de sinapismes, les laxatifs, les diurétiques compléteront la médication. Mais, dans ces cas d'inflammations banales simples, il ne faut pas oublier que les conditions d'hygiène font autant que les médications, et que le séjour dans des locaux convenablement aménagés, aérés et pourvus de litières propres; que l'alimentation avec du lait écrémé, du lait caillé, additionné de tisanes stimulantes, diurétiques ou modérément purgatives, selon les cas, seront à conseiller.

On dit enfin qu'il peut exister des cas de pneumonie et de pleuro-pneumonie comme complication de l'angine diphtéritique, des cas de pneumonie fibrineuse comme complication, ou parfois comme unique localisation de la fièvre charbonneuse. Ce sont toujours là des exceptions, dont l'origine ne peut être précisée que par le praticien appelé à se prononcer sur l'état du malade.

## Broncho-pneumonie vermineuse du porc.

La broncho-pneumonie du porc, causée par le strongle paradoxal, est fort anciennement connue. On la décrit ordinairement comme simple bronchite parasitaire, mais elle provoque invariablement de petites lésions de pneumonie chez les jeunes sujets.

D'ailleurs l'ancien type de strongle paradoxal comprend aujourd'hui les variétés *métastrongylus longivaginalus* et *brevivaginalus*, et, s'il y a le plus souvent des lésions discrètes de pneumonie nodulaire chez les adultes, il n'est nullement rare de trouver des lésions de pneumonie très étendue chez les jeunes sujets.

*Symptômes.* — Elle passe très souvent inaperçue, parce que le cochon ne manifeste pas de symptômes nets et faciles à enregistrer, et que, d'autre part, son indocilité ne permet pas de l'examiner attentivement. La plupart des classiques signalent même qu'elle ne détermine pas de troubles fonctionnels aussi graves que ceux de la bronchite vermineuse des veaux et des moutons. C'est une erreur complète.

Dans les porcheries infestées, humides et mal tenues, la broncho-pneumonie vermineuse fait souvent de nombreuses victimes, surtout lorsqu'elle est associée à l'helminthiase intestinale. Des jeunes sujets de deux à trois mois peuvent

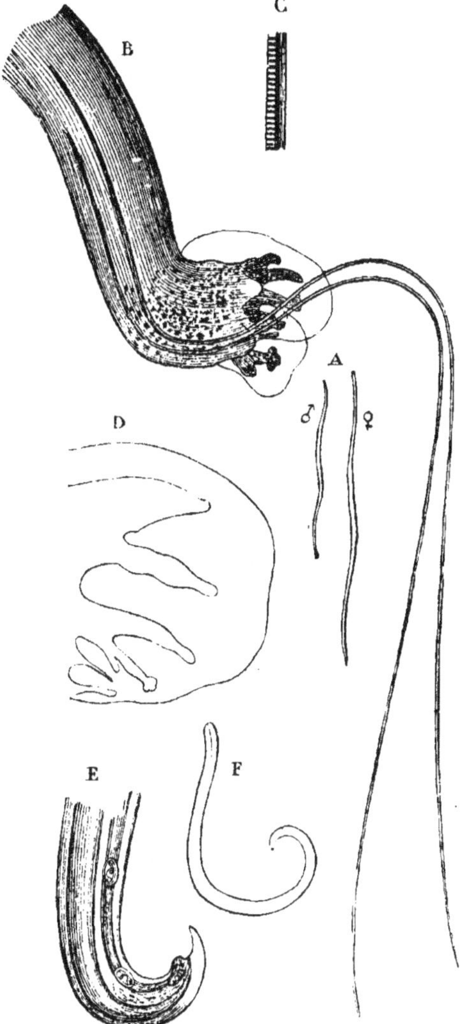

Fig. 28. — *Métastrongylus* des bronches du porc.

déjà présenter des lésions très avancées et tous les signes de
la cachexie.

Les malades s'alimentent mal, sont moins gras, ont le poil raide, dur et grossier, la peau sale. Ils ont une toux petite, quinteuse, pénible, parfois des accès de suffocation qui éveillent l'attention et font suspecter la maladie. Le jetage est rare, mais, comme les mucosités sont dégluties, on retrouve des œufs embryonnés à différents stades de développement dans l'examen des excréments.

Le pronostic est grave pour les jeunes ; beaucoup de petits porcelets succombent avec des lésions de bronchite, de petits îlots de pneumonie nodulaire, et même des lésions de pneumonie lobaire purement parasitaire ou de complication secondaire.

*Lésions.* — A l'autopsie, les bronches peuvent ne contenir que quelques parasites seulement ; dans d'autres cas, elles en sont bourrées, et les paquets de strongles sont enchevêtrés de façon à former de véritables obstructions des petites bronches, car le strongle paradoxal vit de préférence dans les bronchioles. Les lésions de pneumonie parasitaire peuvent être d'aspect pseudo-tuberculeux, nodulaire, lobulaire ou lobaire.

*Répartition géographique.* — La bronchite vermineuse du porc est répandue à peu près partout en France, mais là surtout où l'élevage se fait au pâturage, Bretagne, Charentes, Vendée, Limousin, Périgord, etc. Mais d'assez nombreuses observations m'ont donné cette conviction qu'elle peut se développer aussi chez les animaux élevés exclusivement à la porcherie, que l'évolution du strongle paradoxal doit être directe, et que toutes ses transformations peuvent se faire sur place.

*Prophylaxie.* — Dans ce but, lorsque la maladie existe dans un élevage et qu'elle y est propagée aux jeunes, surtout par les mères plus ou moins infestées, je conseille :

1º La désinfection périodique des loges occupées par les adultes, l'enlèvement régulier des fumiers souillés d'œufs de parasites, pour leur mise immédiate en fermentation sans les laisser traîner dans les cours ;

2º L'isolement des porcelets dans un local spécial dès

la naissance, pour limiter la cohabitation avec la mère aux seuls instants nécessaires aux tétées.

Dans la suite, il y a lieu de ne jamais les laisser fouiller les fumiers ou rigoles d'écoulement souillés par les excréments des adultes, et l'on peut arriver, par ces seules précautions rigoureusement suivies, à faire disparaître la maladie vermineuse de l'exploitation.

*Traitement.* — Le traitement comporterait les mêmes indications que pour le mouton et les bêtes bovines, c'est-à-dire l'application de pulvérisations antiparasitaires intra-trachéales, mais, en raison même de l'espèce, l'application en est difficile ou impossible. Les mélanges à base de créosote de hêtre, 1 à 3 grammes par jour (15 à 50 gouttes), et d'*asa fœlida* (0 gr. 50 centigr. à 3 grammes par jour), peuvent seuls être employés en ingestion, en mélange dans du lait ou des aliments variés.

L'isolement des malades, la désinfection des porcheries avant le repeuplement sont de toute nécessité, si l'on veut éviter les infestations ultérieures. Les sujets de taille moyenne et les adultes peuvent ordinairement être engraissés sans trop de difficultés; chez les jeunes, c'est tout différent, et il faut chercher à éviter le retour de l'affection.

## Pneumonie enzootique des porcelets.

L'affection ainsi désignée serait différente de la pneumonie contagieuse du porc, laquelle sévit de préférence sur des sujets de quatre à dix mois, tandis que la pneumonie enzootique se développerait presque exclusivement sur des porcelets âgés seulement de huit jours à deux mois. Le caractère contagieux est peu caractérisé, un seul sujet peut être atteint dans une portée, parfois deux ou trois, exceptionnellement la totalité de la portée.

Les porcheries mal abritées, froides, humides, particulièrement celles construites en ciment, sont plus atteintes que les autres.

*Symptômes.* — Cliniquement, l'affection est désignée par

les éleveurs sous le nom de « *toux des porcelets* ». Elle se traduit comme la plupart des affections des jeunes, par de l'indolence, de l'inappétence, de l'amaigrissement, de la voussure lombaire (corps en boule), de la démarche incertaine et de l'accélération respiratoire.

La toux est le seul signe apparent réellement important; chez les sujets épuisés, l'amaigrissement est toujours fort rapide, on voit apparaître de la diarrhée et du pica.

Les *lésions* sont celles d'une broncho-pneumonie à allure lente, localisée aux lobes antérieurs et médians, avec mucopus dans les bronches.

Le *diagnostic* n'est pas très difficile, étant donné l'âge des sujets.

Le *pronostic* est fort grave.

Le *traitement*, qui ne peut être à peu près exclusivement qu'un traitement de symptômes sur d'aussi petits sujets, doit tenir compte des conditions étiologiques de l'affection.

' Le séjour en milieu sec et chaud est le meilleur traitement à appliquer. Si les malades sont sevrés, on distribuera du lait tiède, bouilli, additionné de quelques gouttes de créosote de hêtre en émulsion.


## Broncho-pneumonies spécifiques du porc.
### *(Broncho-pneumonie caséeuse. — Pseudo-tuberculose.)*

A côté des broncho-pneumonies ou des pneumonies banales, il est possible cependant de rencontrer chez le porc une forme spéciale, à laquelle on peut donner le nom de broncho-pneumonie caséeuse provoquée, d'après Borges, par le *B. pyogenes suis.* Cette broncho-pneumonie, difficile ou impossible à diagnostiquer sur le vivant en raison même de l'indocilité des sujets et du peu d'importance des symptômes apparents, évoluerait d'emblée ou comme complication d'infections, ce serait donc une modalité de l'infection purulente du porc provoquée par le bacille de l'infection purulente.

D'après Glässer, une seconde forme de broncho-pneumonie suppurée que l'on pourrait qualifier de broncho-pneumonie caséeuse pourrait .évoluer comme complication de l'entérite infectieuse ou paratyphique; ne donnant, lieu, comme la précédente, qu'à des manifestations symptomatologiques trop obscures pour être relevées, notées, interprétées et classées comme caractéristiques d'une forme spéciale de broncho-pneumonie. Cette broncho-pneumonie serait caractérisée par l'évolution de foyers isolés de pneumonie, ne revêtant jamais les caractères des foyers de pneumonie aiguë franche, mais dans lesquels le poumon serait frappé d'hépatisation rouge grisâtre d'emblée. Puis, dans la suite, le tissu deviendrait lardacé, rose pâle, jaune, grisâtre, pour subir la dégénérescence caséeuse à contenu jaune grisâtre ou gris verdâtre.

Les foyers pulmonaires ont les dimensions d'une noisette, d'une noix, plus rarement celles d'un gros bloc du volume du poing. Les ganglions bronchiques, de même que les ganglions mésentériques peuvent être envahis par le même processus morbide, et donner eux aussi des altérations caséeuses simulant à première vue et à un examen superficiel les lésions de la tuberculose.

*Diagnostic.* — Le diagnostic de cette forme spéciale d'infection et de broncho-pneumonie n'est jamais porté du vivant du sujet; c'est seulement à l'abatage, lors de l'autopsie ou de l'inspection qu'il peut être établi.

La distinction d'avec la tuberculose sera basée sur le fait que, dans la tuberculose, les lésions sont ordinairement caséo-calcaires, qu'il en peut exister dans le foie, la rate et un grand nombre de ganglions de l'économie, tandis que dans les formes de broncho-pneumonie dont il est question, ces lésions sont limitées aux ganglions mésentériques, aux poumons, plus rarement aux ganglions bronchiques. Néanmoins les recherches bactériologiques et les inoculations devront le plus souvent être mises à profit pour établir avec sûreté la différenciation.

*Pronostic.* — Le pronostic doit être rattaché à celui des infections primitives, infection purulente et entérite infectieuse, mais dans ces formes, il s'agit d'états chroniques à marche lente.

*Traitement.* — Jusqu'ici le traitement de pareilles affections n'a pas été envisagé ; et d'ailleurs on conçoit assez mal que l'on puisse obtenir des résultats favorables par simples médications, lorsque des foyers purulents caséeux enkystés sont en voie de formation ou déjà constitués.

L'abatage hâtif de tous les sujets malades ou suspects, pour l'épuration des élevages, est la meilleure mesure économique, car il n'entraîne que la saisie des abats altérés.

# MALADIES DE L'APPAREIL LOCOMOTEUR

## Cachexie osseuse.

Au nombre des maladies qui frappent le squelette chez nos animaux domestiques, il en est une qui atteint particulièrement le porc, et que l'on désigne, suivant les localités et suivant les formes que cette maladie peut revêtir, sous les noms d'*ostéomalacie*, d'*ostéoporose*, de *maladie du reniflement*, de *maladie des os*, de *ramollissement des os*, de *rhumatisme*, de *mal de pattes*, de *goutte*, etc., etc.

La même affection se retrouve avec une allure générale d'évolution identique chez les autres espèces domestiques. C'est celle que l'on désigne aujourd'hui sous le nom de *cachexie osseuse*.

La maladie dont il s'agit a été considérée autrefois comme du rachitisme pur par quelques auteurs ; il est impossible d'homologuer les lésions enregistrées et les tares rachitiques ; du reste, les données qui suivent séparent complètement ces deux affections. Pendant longtemps on a pensé qu'il s'agissait d'une affection d'origine purement alimentaire, parce que c'était là l'hypothèse qui paraissait la plus vraisemblable et la plus logique, faute de preuves contraires ; aujourd'hui, j'estime qu'il faut la considérer comme une maladie infectieuse.

Le terme d'*ostéomalacie*, qui signifie simplement ramollissement des os, au sens strict du mot, n'est pas exact ; il y a plus que du ramollissement osseux, et c'est pourquoi l'expression moins restrictive de *cachexie osseuse*, acceptée pour les autres espèces chevaline, bovine et caprine, me paraît devoir être préférée.

Il importe, du reste, d'ajouter dès maintenant, pour éviter

toute confusion qu'il ne saurait être question d'identifier cette affection de l'espèce porcine à l'ostéomalacie sénile de l'espèce humaine ; elle se rapproche davantage de l'ostéomalacie des femmes enceintes, des nourrices ou de l'ostéomalacie des femelles laitières (déminéralisation, dyscrasie acide, rôle du sexe, de la gestation, etc.) (1) ; peut-être même pourra-t-on, dans l'avenir, tenter un rapprochement entre cette maladie et ces cas d'ostéomalacie humaine endémiques signalés en Italie, ou encore ces faits d'ostéomalacie enzootique qui entravent l'élevage et l'entretien de certaines espèces animales dans différents pays, particulièrement dans nos colonies du Tonkin et de Madagascar.

SYMPTOMATOLOGIE. — L'affection sévit sur des porcs de trois mois à un an ; elle se trouve cliniquement caractérisée par des boiteries multiples, de la difficulté ou de l'impossibilité de la marche, des déformations osseuses marquées et du reniflement, c'est-à-dire de la difficulté respiratoire.

Les malades, sans perdre l'appétit et sans présenter de troubles digestifs appréciables, extérieurement, s'alimentent mal, ont de la fièvre, maigrissent, s'anémient, se cachectisent et succombent par épuisement ou par asphyxie.

Fig. 29. — *Cachexie osseuse, 1re phase* : démarche anormale.

Leur entretien est ruineux ou sans bénéfices, parce qu'ils subissent un arrêt de développement et deviennent des non-valeurs.

*Première phase.* — Durant une première période, période de début, ces sujets restent longtemps couchés. Ils ont perdu toute gaîté, font le moins possible de mouvements,

________

(1) La dycrasie acide peut être l'œuvre de nos cellules ou des cellules microbiennes.

ne se lèvent que pour absorber leurs repas et reprennent
aussitôt la position en décubitus latéral. Si, par des exci-

Fig. 30.

Fig. 31.

Fig. 32.        Fig. 33.

Fig. 30, 31, 32, 33. — *Cachexie osseuse, 2e phase* : attitudes anormales
(marche à genoux).

tations violentes, on les force à se lever et à marcher,
ils poussent des grognements continus, ne se déplacent

Fig. 34.

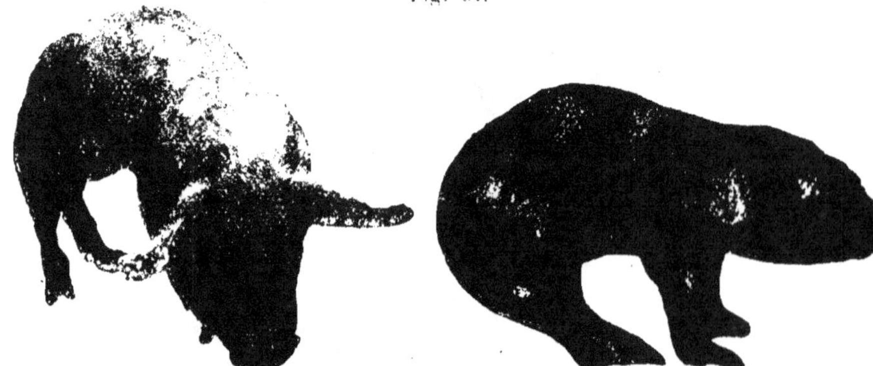

Fig. 35.          Fig. 36.

Fig. 37.

Fig. 34, 35, 36, 37. — *Cachexie osseuse, 3e phase* : déformation des membres ; impossibilité de la marche.

qu'avec lenteur et difficulté. La position quadrupédale
est manifestement douloureuse et, bien qu'il n'y ait encore
rien d'apparent sur les membres, cette position très pénible
n'est jamais conservée longtemps.

*Deuxième. phase.* — Au cours de la deuxième période
(période d'augment), des tuméfactions variées apparaissent
au niveau des articulations, de préférence aux genoux,
aux jarrets, aux coudes ou aux grassets ; elles provoquent
des boiteries d'un ou de deux membres, et une extrême
difficulté de la marche. Le signe le plus caractéristique
de cette période est la position à genoux, particulièrement
affectionnée des sujets atteints, qui souvent se traînent
dans cette position. D'ordinaire, la respiration devient difficile, s'accélère au moindre effort de marche, et le reniflement, caractérisé par un véritable *tirage respiratoire*, est
fréquent.

*Troisième phase.* — Pendant la troisième période, que
l'on pourrait qualifier de période d'état, apparaissent des
déformations osseuses ou articulaires, des déviations de
direction des membres, des difformités de la tête.

A l'examen, les malades se montrent comme bossus ; les
membres sont déviés des lignes d'aplomb, bouletés du
devant, croisés en X du derrière. L'appui se fait souvent
sur la pointe des onglons ; la marche est extrêmement
douloureuse ou tout à fait impossible. Le reniflement,
souvent accusé au repos, devient intense sous l'influence
des simples efforts, du lever ou de la marche. La tête
continue à se déformer ; les dépressions de la face et du
chanfrein se comblent ; le tout s'arrondit avec tendance
à la forme en pain de sucre par suite de l'hypertrophie
des os maxillaires supérieurs ; le maxillaire inférieur
s'épaissit également, se tuméfie et se ramollit ; bien souvent, il semble qu'il ne puisse plus être exactement rapproché de la mâchoire supérieure. La mâchoire inférieure
est comme pendante ; les arcades molaires ne se corres-
pondent plus ; la bouche reste entr'ouverte en permà-
nence.

Moussu. — Maladies du porc.                    7

*Quatrième phase.* — Enfin, dans la quatrième phase, ces déformations osseuses sont encore plus accentuées. La tête est totalement difforme ; la respiration par les voies naturelles est extrêmement pénible ; l'obstruction des cavités nasales est parfois complète. La mastication est souvent devenue impossible ; l'excavation de la voûte palatine n'existe plus ; la langue est pendante, et la respiration devient exclusivement buccale.

Fig. 38. — *Cachexie osseuse, 4e phase* : déformation complète de la tête. Voûte palatine surbaissée, reniflement intense.

Cet état ultime ne s'observe qu'exceptionnellement, attendu que ces animaux sont rarement conservés, à moins que ce ne soit dans un but d'études. Ils succombent, d'ailleurs, soit à l'inanition, parce que la mastication est devenue impossible, soit au cours d'une crise asphyxique qui peut apparaître au moindre effort.

Cette description de l'évolution successive des différents symptômes peut être considérée comme une description-type qui répond à la généralité des cas, mais elle n'a rien d'absolu et souffre de nombreuses exceptions.

C'est ainsi que l'on pourra rencontrer des malades atteints surtout de reniflement, avec lésions osseuses de la tête, sans grosses lésions des membres ou des arti-

culations ; inversement, on observe des porcs qui, au
niveau des membres, offrent des anomalies prononcées,
mais n'ont pas de reniflement manifeste : ce ne sont là que
des variantes d'un même processus morbide.

MARCHE DE LA MALADIE. — La marche de la maladie
offre elle-même des différences assez nombreuses. Sa durée
minima est toujours de cinq à six semaines, mais elle peut
durer de cinq à six mois, avec un type plus ou moins rapide

Fig. 39. — *Cachexie osseuse,* 4e *phase* : déformation très accentuée
du chanfrein et de la voûte palatine.

ou lent : on distingue une forme aiguë et une forme chronique. Quand cette affection apparaît dans une exploitation, plusieurs des jeunes sujets d'un établissement et
parfois tous les petits d'une portée sont successivement
frappés ; les pertes subies par les éleveurs, dans certaines
contrées, peuvent alors être comparées à celles que provoquent le rouget ou la pneumo-entérite du porc.

La maladie sévit à peu près partout dans les centres
d'élevage et d'engraissement : dans le Gâtinais, l'Anjou,
le Berry, la Sologne, la Champagne, etc., etc., un peu
sur toute la France. Elle est de même, signalée en Allemagne, en Espagne, en Italie et ailleurs ; frappant de

préférence les sujets soumis au régime de la stabulation, à la porcherie. Elle paraît beaucoup plus rare chez les animaux élevés en liberté, aux champs ; elle peut décimer tout l'élevage d'une contrée, et, à des époques relativement récentes, elle a ravagé, entre autres, de nombreuses régions des départements de l'Aisne, de l'Aube et de la Marne.

Fig. 40. — *Cachexie osseuse, 4° phase,* face (chanfrein) totalement déformée.

ÉTIOLOGIE. — Comme on observe cette affection plus fréquemment dans les régions pauvres où les animaux sont mal entretenus et mal nourris, il semblait logique de supposer que, comme dans d'autres cas, c'était l'alimentation qui surtout devait être mise en cause. Mais, par contre, à l'heure actuelle, il est acquis qu'elle peut évoluer dans des exploitations parfaitement tenues et où la nourriture, au point de vue de la composition chimique, ne laisse rien à désirer ; de même qu'il est possible de la voir introduite accidentellement par un malade dans une exploitation jusque-là indemne.

Bien plus, des renseignements précis laissent la certitude que l'élevage économique des porcs n'est plus possible dans certaines exploitations de campagne, exploitations qui sans doute ne sont pas des modèles sous le rapport de l'hygiène, mais où l'alimentation est abondante et de bonne qualité ; dans ces cas, cette forme d'ostéomalacie frappe plus ou moins tardivement tous les sujets importés.

La misère physiologique par alimentation générale insuffisante ne peut la provoquer, non plus que la distribu-

tion de rations pauvres ou très pauvres en matières minérales.

La mauvaise alimentation joue peut-être un rôle de
cause favorisante par excellence, comme cela semble
bien établi aussi pour l'ostéomalacie du bœuf et du cheval ;
mais, ce qui reste acquis, c'est que, même si cette alimentation est convenable, la maladie peut évoluer.

Toutes ces considérations ne pouvaient manquer de faire
naître l'idée d'une origine infectieuse de ce mal : c'est à
établir cette idée que j'ai consacré une série d'expériences
qui en fournissent une preuve péremptoire.

En voici, d'ailleurs, la démonstration.

1º En juin 1900, je possédais un porcelet atteint de
cachexie osseuse à évolution rapide, nettement caractérisée par la difficulté de la marche, le gonflement des articulations, le reniflement, etc.

Dans le courant de juillet, un porcelet, sain, vigoureux,
sortant d'une exploitation où la maladie était inconnue,
fut placé en cohabitation avec ce malade.

Ces deux sujets reçurent une alimentation ordinaire
distribuée en abondance.

Le malade meurt dans les premiers jours d'août.

En septembre, le jeune sujet en expérience, mis en liberté,
ne se livre plus à ses ébats ; il marche avec difficulté et
a manifestement la prétendue «goutte». A la date du
1er octobre, il reste constamment en décubitus latéral ;
le reniflement se montre très accusé ; l'évolution du mal
est manifestement rapide. Il succombe le 28 de ce mois
d'octobre 1900.

Voilà donc un sujet indemne au point de vue héréditaire, bien nourri et qui, par une simple cohabitation,
durant environ un mois, avec un malade, contracte la
maladie du reniflement ou cachexie osseuse.

Qu'il se soit infecté par l'appareil digestif ou par l'appareil respiratoire, peu importe : l'infection s'est produite.

La cohabitation, surtout prolongée, est dangereuse.

2º La case où ces deux malades avaient séjourné n'est

pas désinfectée ; on fait simplement enlever la litière, sans toucher et sans nettoyer les murs, le sol et l'augette.

Un nouveau porcelet de deux mois et demi environ, bien portant et vigoureux, de même origine connue que le précédent, est mis en stabulation dans cette loge.

Dès la première quinzaine de décembre 1900, ce nouveau sujet présente de la gêne dans la marche : il est sûrement atteint. L'évolution est cependant plus lente que dans le premier cas, et ce n'est que dans le courant de janvier 1901 que tous les symptômes deviennent très nettement apparents.

Cette seconde expérience est fort intéressante, car elle montre que, sans cohabitation directe, le simple séjour prolongé dans une loge non désinfectée, ayant abrité des malades, peut être suffisant pour provoquer l'apparition et l'évolution du mal. En outre, elle donne l'explication de ces faits si fréquemment observés dans les campagnes, faits concernant certains propriétaires qui affirment ne pouvoir plus engraisser de porcs ; ces porcs contractant tous le « mal de pattes ». Dans un unique local deux, trois, quatre animaux d'origine différente prennent successivement la « goutte ».

Il est probable que l'agent d'infection, rejeté sans doute avec les excreta, peut se développer ou tout au moins se conserver dans les litières ou les liquides qui souillent les loges, pour contaminer les nouveaux hôtes.

3° Ces deux expériences nous ayant convaincu de l'origine infectieuse de la maladie, nous cherchâmes, dans la suite, à savoir par quels moyens il serait possible de la transmettre directement et quels étaient les tissus virulents.

L'état du tissu spongieux des os, des extrémités épiphysaires et de la moelle osseuse révélant, à l'autopsie et dans tous les cas, une localisation évidente, il y avait lieu de supposer que les éléments virulents seraient, par excellence, dans ce tissu osseux, puis aussi peut-être dans la synovie et le jetage.

En février 1902, un nouveau malade, venant du département de l'Indre, fut sacrifié et, avec des émulsions de moelle d'os longs, on inocula de nombreux sujets, cobayes, lapins, porcelets et chèvres, etc.

Les inoculations aux cobayes et aux lapins restèrent sans résultats cliniques appréciables.

Par contre, les deux porcelets qui avaient reçu en injection sous-cutanée l'émulsion de moelle osseuse contractèrent la maladie en moins d'un mois.

Une chèvre adulte, qui, à la date du 19 mars 1902, avait elle aussi reçu sous la peau de l'émulsion de moelle osseuse, contracta à son tour la maladie avec les signes propres à cette espèce. Dès le 10 avril, c'est-à-dire environ trois semaines après cette inoculation, elle restait en décubitus prolongé ; le 25, la marche devenait très pénible ou se faisait à genoux, et, à dater du 2 mai, elle était impossible. La mort ne survenait que le 5 juillet.

Les deux porcelets offrirent tous les symptômes de l'affection naturelle à évolution lente : marche douloureuse, à genoux, arthrites, reniflement modéré, plus accentué au moment des repas, croissance très retardée.

Ces deux malades, fort bien nourris, guérirent lentement, ou plutôt leur état pathologique s'améliora beaucoup ; ils engraissèrent sans se développer d'une façon sensible, et sans récupérer jamais la liberté d'allures que l'on rencontre chez des individus de même âge élevés en bonne santé.

C'est encore là un fait d'observation courante dans la pratique de l'élevage du porc. Lorsque, dans une exploitation, plusieurs sujets sont frappés en même temps ou successivement, tous ne succombent pas ; si, comme c'est la règle, on ne les sacrifie pas au début, certains restent malades pendant des mois ; économiquement il n'y a que peu d'intérêt à les conserver.

4º Un autre fait, encore bien intéressant à signaler, est le suivant : la maladie ne paraît inoculable que pendant la période de début ou d'augment ; à un moment donné, surtout quand l'état est stationnaire, plus encore lorsque l'amélioration est apparente, ou lorsque la convalescence commence, les inoculations à des animaux sensibles restent sans effet.

Voici de nouvelles séries d'expériences qui le démontrent.

En mai 1902, un sujet atteint depuis fort longtemps, maigre, déformé, mais qui n'était plus dans la période aiguë, est sacrifié et, avec des émulsions de moelle osseuse, j'inocule un veau, une chèvre, un porcelet, un agneau, un chien et un lapin. Aucun de ces animaux ne présenta dans la suite le moindre trouble.

Le 3 novembre 1902, un malade à cachexie osseuse expérimentale, considéré comme se trouvant en convalescence, était tué, et j'inocule avec de la synovie et des émulsions de moelle osseuse deux porcelets et une chèvre. Encore une fois, ces inoculations restèrent sans résultats et les ensemencements se montrèrent stériles.

Il semble donc que les tissus malades ne soient virulents que jusqu'à la période d'état et, bien que jamais les animaux ne puissent reprendre complètement les attributs de la santé, cette virulence tend à disparaître dès qu'il se produit une amélioration de l'état général.

Cette amélioration de l'état général correspond, d'ailleurs, à des modifications de tissu importantes à noter. — Les arthrites diminuent d'intensité, les lésions intra-articulaires se cicatrisent. A la place des ulcérations cartilagineuses qui caractérisent la phase ascensionnelle, dès que la convalescence commence, on voit le nivellement se produire, mais jamais la réparation n'apparaît intégrale ; les surfaces articulaires restent toujours anfractueuses en différents sens, parfois profondément déformées, et c'est peut-être là ce qui explique, chez des sujets améliorés, la persistance des troubles locomoteurs.

*En résumé, l'ostéomalacie ou la cachexie osseuse du porc, apparaissant avec les symptômes décrits, doit être considérée, non comme une simple maladie de dénutrition ou de nutrition d'origine exclusivement alimentaire, mais bien comme une maladie infectieuse susceptible de se transmettre par cohabitation immédiate, par séjour prolongé dans des locaux infectés et aussi par inoculation directe de certains produits virulents.*

***

*Anatomie et physiologie pathologiques.* — L'étude des phases successives de la maladie et celle des lésions d'autopsie aux différentes périodes montre que des animaux primitivement bien constitués, vigoureux et à squelette normal, subissent des modifications profondes d'attitude et d'aspect, proportionnelles à l'intensité des lésions qui ont évolué avec le temps. Tout le squelette est intéressé, mais les altérations les plus visibles apparaissent sur les os de la tête et au niveau des jointures articulaires.

Sur la tête, les os de la face (sus-nasaux, maxillaires supérieurs, zygomatique, maxillaires inférieurs, etc.) sont particulièrement intéressés. Ces os se tuméfient, s'hypertrophient en épaisseur ; le périoste se décolle ; les lames compactes disparaissent ; les cavités avoisinantes (sinus, cavités nasales, fosses orbitaires, etc.), se rétrécissent, parfois au point de s'obstruer.

En même temps qu'ils s'hypertrophient, ces os se ramollissent ; ils semblent devenir élastiques et se dépriment par simple pression du doigt ou peuvent s'infléchir suivant leur longueur.

La déformation peut être telle qu'il n'existe plus ni cavités des sinus, ni cavités nasales. Le « reniflement », dans ces conditions, n'a pas besoin d'explications, car la respiration ne peut se faire que par la voie buccale. Entre l'état normal et cet état ultime, on enregistre tous les stades.

Il y a là une inflammation persistante des os qui aboutit à leur transformation, quelquefois si complète qu'il est possible de couper transversalement la tête au couteau, à n'importe quel niveau et presque sans difficultés. Dans ces circonstances, on ne parvient pas à passer un stylet dans les cavités nasales : il n'y a plus de perméabilité.

L'altération intime de la colonne vertébrale est de même nature, mais moins accentuée ; les vertèbres se laissent entamer aisément par n'importe quel instrument ; pourtant elles ne sont généralement pas déformées.

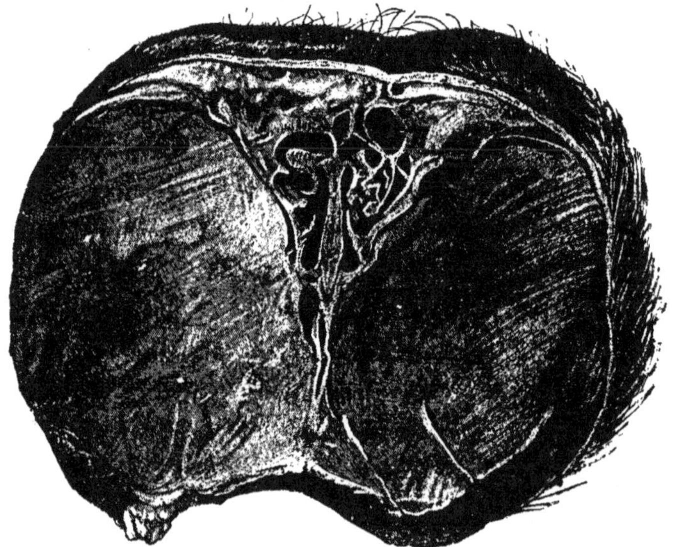

Fig. 41. — Section transversale de la tête vers la région moyenne du chanfrein (porc).

Les os des membres subissent des altérations du même ordre, quoique en apparence moins profondes. Ces os deviennent d'une fragilité extraordinaire, au point que, chez des porcs laissés tranquilles, l'on voit se produire des fractures spontanées.

La modification qui se produit est accompagnée de douleurs qui expliquent pourquoi les malades ne se déplacent qu'avec difficulté, marchent à genoux, ou restent en décubitus permanent et prolongé.

Souvent, les déformations des jointures sont mani-
festes ; elles tiennent aux synovites et aux arthrites,

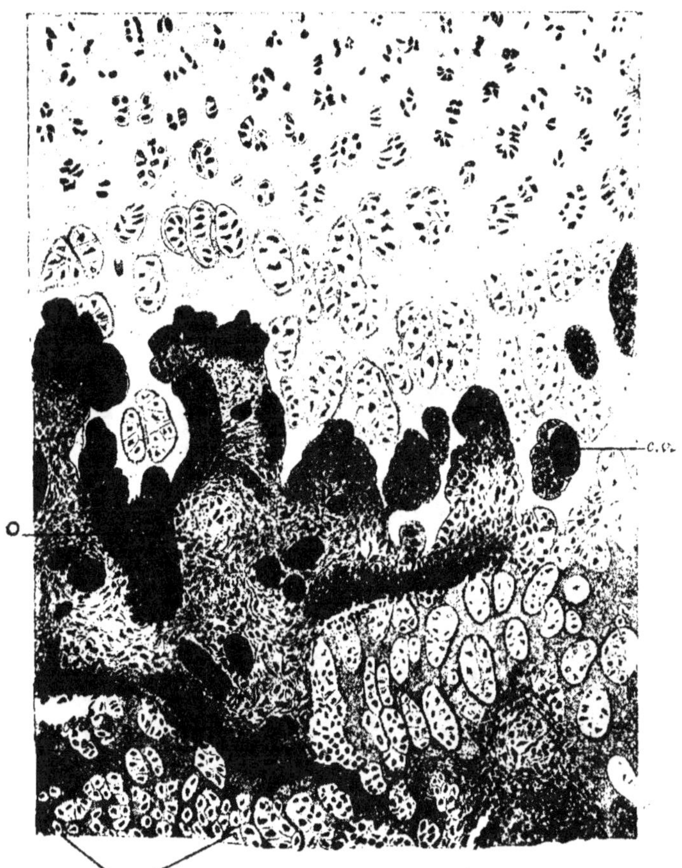

Fig. 42. — Cartilage épiphysaire, face profonde,
chez un porcelet ostéomalacique âgé de 13 mois.
Ostéomalacie spontanée (d'après Basset).

mais les malades ne conservant pas facilement la position quadrupédale, les inflexions axiales des os longs sont
plus rares : nous en possédons cependant des exemples.

Ces os longs des membres, sans difficultés et à la main

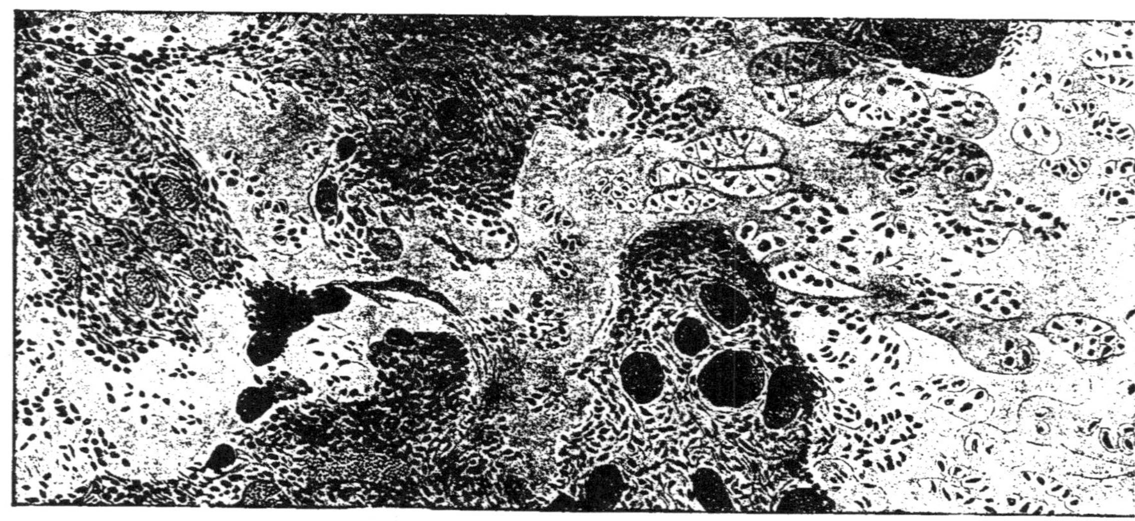

Fig. 43. — Cartilage épiphysaire, face profonde chez un porcelet ostéomalacique âgé de 13 mois. Ostéomalacie spontanée (d'après Basset).

CACHEXIE OSSEUSE (OSTÉOMALACIE) CHEZ LE PORCELET.
Aspect hémorragique de la moelle osseuse.

sont cassés transversalement ; la zone de tissu compact
des diaphyses est extrêmement amincie ; le périoste ne
semble pas tenir à leur surface ; le canal médullaire, ainsi
que les canaux de Havers, sont considérablement élargis.

La moelle osseuse présente des caractères variables
suivant les époques de la maladie. Ferme, compacte et
très riche en graisse au début, elle semble devenir, dans la

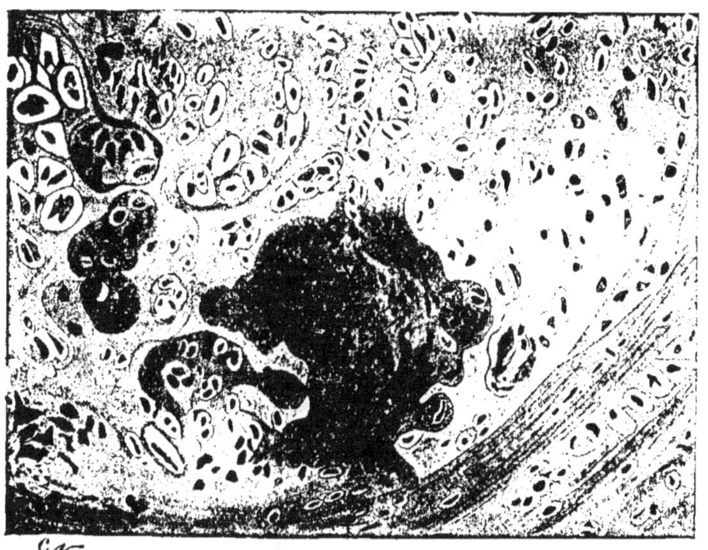

Fig. 44. — Nodules cartilagineux isolés en pleine moelle et provenant
d'un cartilage épiphysaire, chez un porcelet ostéomalacique âgé de
13 mois (*ostéomalacie spontanée*) — G = 120 D (d'après Basset).

suite, plus vasculaire et offre par places des zones hémorragiques ; plus tard, elle apparaît rougeâtre, enflammée,
avec taches ecchymotiques disséminées, plus nombreuses
vers les épiphyses. Chez les sujets très épuisés, elle devient
rouge, gélatineuse, molle, tremblotante ; elle conserve
cependant quelques-uns des caractères précédents.

Les extrémités épiphysaires articulaires ne sont pas
moins intéressées. Tantôt les cartilages articulaires sont
ulcérés, et le tissu osseux épiphysaire fragile est fortement

enflammé ; tantôt existent de véritables enfoncements comme si le tissu osseux sous-jacent s'était effondré, et sans autre lésion qu'un amincissement des parties car-

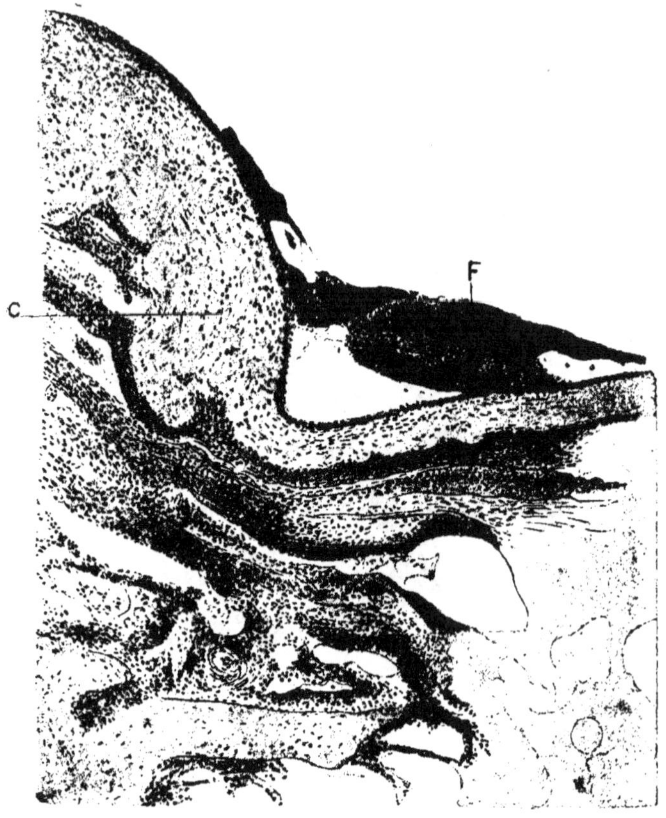

Fig. 45. — Dépression du cartilage articulaire, de la tête de l'humérus chez un porcelet ostéomalacique âgé de 11 mois (*ostéomalacie spontanée*).

tilagineuses correspondantes ; tantôt, enfin, les extrémités osseuses sont déformées, aplaties, comme plissées ou rivulées en différents sens ; on note des pertes de substance ou des semblants de cicatrices.

Ces extrémités épiphysaires, dans les périodes avancées,

se laissent transpercer sans difficultés. Les synoviales sont enflammées, épaissies, rougeâtres et, suivant les périodes, plus ou moins infiltrées ; la synovie est citrine, trouble ou rougeâtre.

Toutes ces lésions montrent donc des altérations profondes de tout l'appareil squelettique qui, de l'état normal, arrive à un degré de fragilité et d'altération extraordinaire.

D'après les travaux et recherches de Basset (1906) sur l'histologie de la maladie naturelle ou expérimentale, les lésions dominantes de l'ostéomalacie, comme celles du rachitisme d'ailleurs, sont celles d'une ostéite raréfiante banale (résorption des lamelles osseuses), plus ou moins intense et plus ou moins généralisée, selon les individus, avec nombreuses variantes selon les os considérés, chez un même sujet. Un processus d'aspect histologique à peu près identique se rencontrerait chez les adultes ostéomalaciques et chez les jeunes rachitiques ; l'affection se traduisant chez les premiers par de l'ostéite et de l'ostéomyélite et chez les seconds par les mêmes phénomènes doublés de troubles variés au niveau des zones d'ossification : résorption de travées osseuses néoformées, hyperplasies des cartilages avec nodules cartilagineux dans la moelle osseuse, formation de cicatrices fibreuses juxta-cartilagineuses coïncidant avec un arrêt local de l'ossification, etc.

Par quel mécanisme ces modifications progressives se produisent-elles pour arriver aux états constatés dans les autopsies. Voici ce que les analyses de sang et d'urine ont donné :

Pour le sang, l'examen comparatif du degré d'alcalinité du sérum normal et du sérum de sujets atteints de cachexie osseuse démontre qu'il y a diminution progressive de l'alcalinité normale depuis le début de la maladie naturelle ou de la maladie donnée expérimentalement.

Les renseignements recueillis grâce à l'examen des urines sont encore plus intéressants, car ils montrent la marche de la déphosphatisation du squelette.

Suivant les cas, l'élimination des phosphates, calculée en acide phosphorique, arrive à être triplée, quadruplée, quintuplée et plus.

Mais, chez les sujets à squelette profondément altéré, il peut arriver que le taux d'élimination semble se rapprocher de la normale, parce qu'il n'y a plus ce qu'il faudrait pour une élimination excessive. Ces données sont amplement] propres à expliquer les modifications qui se produisent du côté du squelette désorganisé par suite des déperditions formidables en phosphates.

La comparaison des déperditions en chlorures ne paraît pas moins significative ; cependant les écarts sont moins sensibles.

Au cours de l'affection, les malades éliminent progressivement leurs matières minérales, leurs phosphates et leurs chlorures pendant des temps variables et avec des intensités différentes en rapport avec la forme morbide ; comme ces éliminations anormales ne sont pas compensées par une assimilation régulière, on trouve ainsi l'explication de l'état final enregistré.

Mais, un dernier point reste à préciser : sous quelle influence ces éliminations s'effectuent-elles et pourquoi y a-t-il des réactions inflammatoires ?

*Pathogénie.* — *On a supposé, depuis longtemps, qu'une alimentation défectueuse représentait seule cette influence.* — L'alimentation défectueuse et incomplète au point de vue chimique, à la rigueur, à elle seule et par suite d'un apport insuffisant, explique les troubles d'évolution et d'entretien du squelette ; cette alimentation peut encore provoquer des désordres intimes de la nutrition, des modifications humorales intra-organiques constituant le point de départ des altérations connues ; mais cependant elle n'est pas suffisante pour justifier les excès d'élimination, et le processus inflammatoire qui atteint la totalité du squelette.

Les faits rapportés ne permettent plus d'adopter ces opinions ; puisque l'affection est transmissible, il faut chercher ailleurs la cause originelle.

Ayant réussi à transmettre la maladie par des inoculations de moelle osseuse, j'ai cherché à découvrir, dans cette moelle osseuse et dans différents produits, l'agent causal de cette maladie, et voici quelles ont été les constatations faites :

1º Les inoculations de sang n'ont provoqué aucun accident. — Les ensemencements de ce sang sont demeurés stériles ;

2º La synovie inoculée en proportions variables à des animaux d'expériences réceptifs n'a également engendré aucun trouble morbide ;

3º Seule la moelle osseuse inoculée a déterminé des phénomènes intéressants. Du reste, cette moelle a donné parfois des cultures d'agents microbiens inconstants, mais il m'a toujours été impossible de reproduire expérimentalement la maladie avec ces cultures ; aussi n'y a-t-il pas lieu d'insister plus longuement.

*Diagnostic. — Pronostic.* — Le diagnostic de la cachexie osseuse ne peut être douteux lorsque les manifestations cliniques sont bien caractérisées, dès la seconde phase ou la période d'état ; mais, au début, c'est tout différent, et lorsqu'il s'agit de cas isolés, dans des régions où l'affection ne sévit qu'exceptionnellement, ce diagnostic reste toujours fort embarrassant.

Le pronostic est très grave, non seulement parce que la vie des malades est fort souvent compromise, mais encore parce que ces malades sont trop fréquemment entretenus pendant des semaines et des mois sans aucun avantage ou bénéfice économique, et parce qu'enfin il s'agit d'une affection susceptible de se transmettre lorsque des mesures de désinfection ne sont pas prises en temps voulu.

*Traitement.* — Le traitement comporte donc, cela se conçoit d'après les données précédentes, un traitement curatif qui n'est pas un traitement réellement spécifique, et une série de mesures prophylactiques.

Une assez longue expérience m'a prouvé qu'il n'y avait d'utilité à entreprendre un traitement curatif que lorsque les malades n'en sont encore qu'à la première ou la seconde phase, c'est-à-dire lorsque les troubles sont encore en évolution. Si, au contraire, les lésions sont définitives, si le squelette est gravement atteint et déformé, il n'y a plus d'espoir de ramener les choses à l'état normal, et le traitement, s'il est poursuivi, ne peut plus présenter qu'un simple intérêt de recherches, mais non un intérêt économique vrai.

Il y aurait donc lieu, dès le début, de diriger un traitement général contre l'infection inconnue ou mieux l'infection encore imprécisée dans sa nature, qui est la cause des altérations du squelette. Le médicament qui m'a donné les meilleurs résultats à cet égard est le chloral, donné en solution, en mélange avec le lait ou des aliments, à la dose de 1 gramme par jour par 10 kilogrammes de poids vif environ. Le chlorhydrate d'ammoniaque, qui agit puissamment sur la nutrition, aux doses de 1, 2 ou 3 grammes suivant l'âge et le poids des malades, produit aussi d'excellents effets à la période de début.

Mais ces deux médicaments sont nettement insuffisants, lorsque les altérations provoquées par des déperditions organiques excessives en matières minérales ont déjà amené des troubles tels que la difficulté de la marche ou la marche à genoux, par exemple ; et c'est alors que le phosphate de chaux doit venir compléter les médications précédentes. Des différents essais tentés avec le chlorhydrophosphate de chaux, le lacto-phosphate de chaux, le glycérophosphate, le biphosphate ou le phosphate tribasique simple insoluble, il semble qu'il n'y ait aucun avantage réel à employer les préparations coûteuses, et que le biphosphate ou le phosphate tribasique doivent à ce point de vue être préférés aux autres. Les doses peuvent varier de 2 à 10 grammes par jour selon l'âge et le poids des malades, mais la médication administrée avec les aliments doit être prolongée durant des semaines et des mois.

On a conseillé la poudre d'os verts, la poudre de viande, certaines spécialités à base de phosphate de chaux et de ferrugineux, etc. ; les résultats ne sont pas supérieurs à ceux de la première médication. Il convient évidemment de maintenir les malades dans d'aussi bonnes conditions que possible au point de vue hygiène et alimentation. Lorsque la saison le permettra, il sera toujours utile de les mettre en liberté.

Au point de vue prophylactique, il ne faut jamais oublier que l'affection peut se propager par cohabitation ou par le simple séjour des malades en milieu infecté. Il sera donc toujours formellement indiqué d'isoler rigoureusement les malades, de désinfecter les loges ayant servi à les abriter, et même de déplacer les fumiers au loin, pour éviter que des sujets sains, en liberté, ne puissent aller se contaminer à leur contact.

# AFFECTIONS PARASITAIRES DES MUSCLES

CYSTICERCOSE CONJONCTIVE ET MUSCULAIRE (ladrerie).

La cysticercose conjonctive et musculaire chez le porc est une affection causée par la pénétration dans l'organisme des embryons de *Tænia solium* de l'homme. On la connaît plus communément sous les noms de ladrerie, glandérie et grainerie.

## Ladrerie du porc.

La ladrerie du porc est due au *Cyslicercus cellulosae*, forme cystique du *Tænia solium* (ténia armé de l'homme).

C'est l'une des maladies du porc les plus anciennement connues, et c'est à cause d'elle, dit-on, que Moïse et Mahomet interdirent à leurs adeptes la consommation de la viande de cochon. — A une époque plus rapprochée, au moyen âge, elle a fait l'objet d'une réglementation particulière. Ce n'est que depuis les travaux de van Beneden et Kuchenmeister, complétant ceux des zoologistes du XVII^e et du XVIII^e siècle, que l'évolution des ténias est bien connue, et que l'importance de la phase cystique est nettement établie.

*Éliologie.* — L'étiologie de la ladrerie du porc se borne à un seul fait : l'ingestion d'œufs ou embryons du *Tænia solium* avec les aliments.

Les animaux jeunes sont les seuls qui la contractent ; passé huit à dix mois, elle n'est presque plus possible.

Elle est exceptionnelle chez les sujets élevés en stabulation à la porcherie, mais beaucoup plus fréquente chez les sujets élevés en liberté, en plein air, parce que, en raison même des conditions d'alimentation, ils sont plus exposés à trouver des excréments humains et des embryons de ténias. Les œufs ingérés, les embryons hexacanthes sont mis en liberté dans l'intestin, ils perforent les tissus,

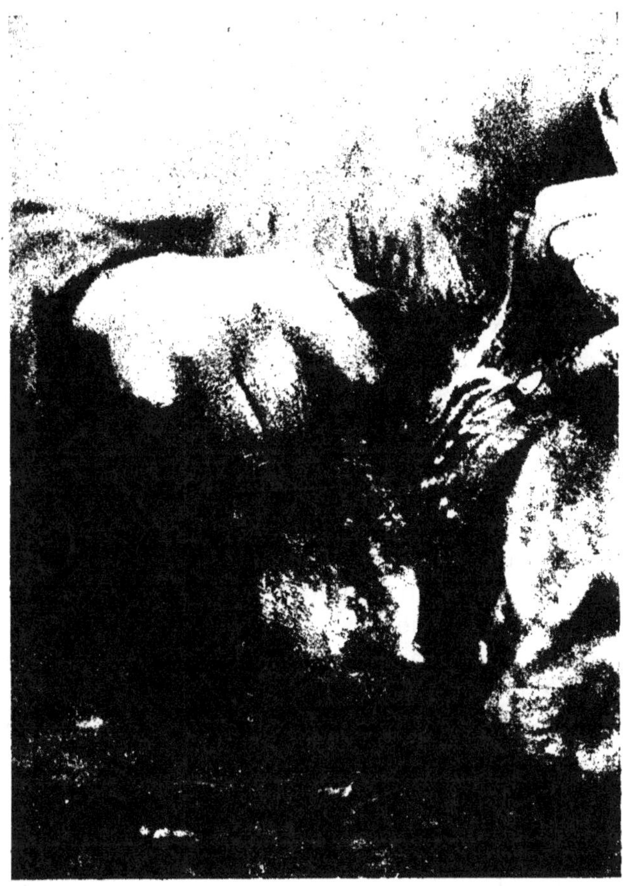

Fig. 46. — Ladrerie de la langue chez le porc L (vésicules ladriques visibles sous la langue, vers le frein).

gagnent les vaisseaux, se laissent entraîner par le courant circulatoire, et par lui se trouvent disséminés dans tous les organes. Ceux qui se trouvent répartis dans le tissu conjonctif interstitiel et intermusculaire se développent bien ;

les autres dans les viscères disparaissent. Leur présence dans l'épaisseur des muscles développe des troubles généraux peu importants, et des troubles locaux d'irritation qui favorisent le développement de la vésicule cystique.

Au bout d'un mois, cette vésicule commence à être visible à l'œil nu ; à quarante ou quarante-cinq jours, elle a les dimensions d'une graine de moutarde, et à deux mois le volume d'un grain de blé.

*Symptômes.* — Les symptômes d'envahissement de l'organisme sont si peu accusés qu'ils passent d'ordinaire inaperçus. A peine, lorsque l'infestation est massive, peut-on enregistrer des signes d'entérite que l'on rapporte à une cause toute différente, et parfois des troubles de la marche, de la voix, etc.

On a signalé aussi l'enfoncement du thorax entre les membres antérieurs ; c'est un signe de peu de valeur, qui se retrouve dans la cachexie osseuse et le rachitisme.

La paralysie de la langue et de la mâchoire inférieure, laquelle n'est jamais que partielle et incomplète, a plus d'importance.

Exceptionnellement, il peut se produire des signes d'encéphalite, de vertige et de tournis, lorsque des cysticerques, en grand nombre, pénètrent dans l'encéphale. Ces signes ne persistent pas, les cysticerques s'atrophient. La gêne de la marche peut faire naître des doutes lorsque les membres antérieurs et postérieurs rabotent le sol, ce qui est dû à la présence des cysticerques dans les muscles des membres, mais cette gêne se rencontre avec des caractères semblables dans la cachexie osseuse.

Un seul symptôme est pathognomonique, et il est bien tardif : c'est la présence de vésicules cystiques sous les muqueuses minces accessibles à l'exploration (muqueuse de la face inférieure de la langue et muqueuse oculaire).

L'exploration visuelle permet alors de reconnaître sous ces muqueuses la présence de petits grains blanc grisâtres à demi transparents, de la grosseur d'un grain de blé ou plus. Malheureusement, chez un animal aussi indocile et aussi difficile à manœuvrer que le porc, cette exploration visuelle est bien délicate ; on lui substitue l'exploration par la palpation. Trop souvent l'affection n'attire pas l'attention du vivant des malades, et ce n'est qu'à l'abatage que la maladie est découverte, par les lésions qui la caractérisent.

Cependant, il arrive, dans des circonstances absolument

Fig. 47. — Ladrerie musculaire massive.

exceptionnelles, qué des infestations spontanées soient assez massives pour entraîner la mort de jeunes sujets ; c'est qu'alors le muscle cardiaque se trouve farci de parasites, les malades succombent parce que le cœur ne fonctionne plus. Chez des sujets plus âgés et à infestation massive, la mort par épuisement peut être la conséquence de la paralysie linguale et de la paralysie de la mâchoire inférieure ; les malades ne peuvent plus s'alimenter.

*Diagnostic.* — Comme les lésions caractéristiques de la ladrerie siègent dans l'épaisseur des tissus musculaire et conjonctif, et que les symptômes extérieurs peuvent être considérés comme sans signification précise, dans la presque totalité des cas, le diagnostic ne peut être établi du vivant des malades que par le langueyage.

La pratique du langueyage remonte à la plus haute

antiquité. Aristophane en parle déjà ; le moyen âge a eu ses langueyeurs assermentés. De nos jours, les règlements d'administration publique concernant l'inspection des viandes abattues ont amené progressivement la suppression de ce métier. Il est cependant facultatif, mais il reste

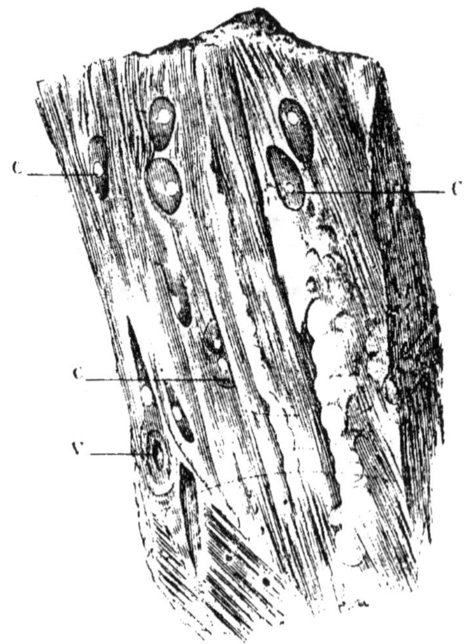

Fig. 48. — Vésicules ladriques du tissu musculaire du porc (Railliet). *c*, vésicules ; *v*, logette creusée dans le tissu.

bien peu de villes et de marchés ayant leurs langueyeurs assermentés.

Dans la pratique du langueyage, l'opérateur commence par coucher sur le côté l'animal à examiner, le côté droit d'ordinaire ; il le fait maintenir dans cette position, applique ensuite un genou sur le cou, le genou gauche, passe un gros bâton entre les mâchoires en arrière des crochets, les écarte obliquement tout en relevant l'ouverture buccale en haut et maintient cette position en fixant l'une des extrémités du bâton au sol sous son pied, et l'autre extrémité sous l'aisselle du bras gauche. Il peut, dans cette position, saisir l'extrémité libre de la langue et explorer par la palpation digitale le canal lingual, les parties libres du frein, etc.

S'il reconnaît la présence de cysticerques ladriques, le diagnostic est établi, mais une constatation négative

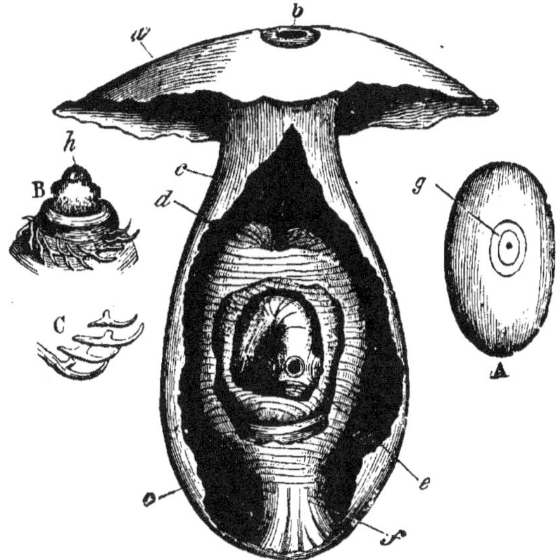

Fig. 49. — Anatomie de la vésicule ladrique (Ch. Robin). — A. vésicule ; B, trompe avec ses crochets ; C, crochets ; D, fragment de cysticerque grossi.

n'établit pas péremptoirement la non-existence de la ladrerie. D'après Railliet, une fois sur quatre ou cinq, on ne trouverait pas de vésicules sous la langue ; et d'ailleurs la fraude à ce point de vue est possible par ce que l'on appelle l'épinglage, c'est-à-dire le piquage des vésicules ladriques avec une épingle ; le contenu liquide s'échappe, l'exploration reste négative.

*Pronostic.* — Le pronostic était récemment encore considéré comme très grave, non parce que la vie des malades se trouvait en danger, mais parce que les viandes ladriques devaient être retirées de la consommation.

Ces viandes ingérées insuffisamment cuites provoquent chez l'homme l'évolution du *Tænia solium*. La cuisson parfaite, si elle était toujours pratiquée, ferait bien disparaître la vitalité des cysticerques, mais le doute même empêche la consommation de ces viandes. Les cysticerques sont tués à 50° ou 55°. La viande n'est pas marchande et elle est dangereuse.

*Lésions*. — Les lésions sont représentées par les cysticerques ladriques seulement, c'est-à-dire par les vésicules semi-transparentes contenant chacune une tête de ténia armé, à quatre ventouses et double couronne de crochets. Ces vésicules cystiques se trouvent surtout dans les muscles, logées dans le tissu interfasciculaire qu'elles irritent très légèrement à leur pourtour.

Leur nombre est extrêmement variable, en rapport avec l'intensité d'infestation et le nombre d'œufs ingérés. Parfois difficiles à découvrir, elles sont si nombreuses dans d'autres cas que les tissus en paraissent criblés.

Leur localisation se fait de préférence dans les muscles de la langue, du cou, des épaules, les intercostaux, les psoas et les muscles de la cuisse.

Les viscères : foie, reins, poumons, etc., sont plus rarement le siège de développement de vésicules cystiques qui y dégénèrent très rapidement, mais le cœur est fréquemment atteint.

La formule leucocytaire varie peu chez les malades, mais le sang renferme des éosinophiles dans la proportion de 4 à 7 p. 100 (Vosgien, 1911).

Sur les animaux infestés depuis longtemps, les cysticerques subissent la dégénérescence caséo-calcaire, le liquide se résorbe, et les lésions apparaissent sous forme de petits tubercules oblongs, résistants et durs, faisant donner à cet état le nom de ladrerie sèche.

Sur section de masses musculaires, les vésicules apparaissent saillantes entre les faisceaux.

Chez les animaux jeunes, la cysticercose entraîne l'apparition de la maigreur et de la cachexie ; plus tard, les malades se rétablissent en apparence, s'engraissent et peuvent être exposés sur les marchés.

*Traitement.* — Le traitement curatif est nul.

Fig. 50. — Ladrerie grave. Vésicules visibles sur la conjonctive et le corps clignotant.

Les précautions préventives seules sont utiles. Elles se bornent à éviter que les animaux ne puissent ingérer des œufs de *Tænia solium*.

De Renzi prétend avoir obtenu chez l'homme la guérison

d'un cas d'échinocoque du foie et d'un cas de cysticerque cérébral par l'administration prolongée d'extrait éthéré de fougère mâle ; le D^r Dianoux (de Nantes) dit de son côté avoir obtenu la guérison d'un cysticerque de l'œil et d'un cysticerque sous-cutané de l'aine par le même médica-

Fig. 51. — Cysticercose massive du cœur chez le cochon.

ment administré à la dose de 2 grammes par jour pendant deux mois.

J'ai, à titre de vérification de l'action de l'extrait éthéré de fougère mâle sur les cystiques, traité deux moutons à tournis, par une dose quotidienne de 4 grammes d'extrait durant deux mois ; j'ai obtenu une rémission des symptômes apparents ; mais à l'autopsie les vésicules n'ont pas présenté le moindre signe d'altération ou de régression. Peut-être y a-t-il eu arrêt de développement de ces vésicules, ce qui expliquerait l'amélioration des symptômes apparents, mais sûrement il n'y a pas eu guérison..

J'ai traité, d'autre part, par des doses de 6 et 8 grammes, prolongées durant deux mois, un porc atteint de ladrerie massive. Là encore il n'y a pas eu de guérison, et les vésicules apparentes n'ont paru nullement modifiées dans leur évolution.

La cysticercose est rare dans le nord, le centre et l'est de la France, et là où les animaux sont élevés à la porcherie. Elle est plus fréquente dans les pays où les cochons sont élevés en liberté : le Limousin, l'Auvergne, le Périgord et la Vendée.

Elle est fréquente dans l'Allemagne du Nord, où l'habitude de manger des viandes peu cuites contribue à la propagation du *Tænia solium*. Elle est fréquente aussi en Italie.

La congélation des viandes tue les cysticerques en 4 à 6 jours, de même qu'une conservation prolongée au-dessous de zéro. Une température de 50 à 55° agit de la même façon. La salaison n'agit bien que lorsque la fragmentation des viandes est faite en petits blocs et lorsque l'action est prolongée durant plusieurs semaines. Une saumure à 25 p. 100 est plus active que la salaison simple.

Au point de vue de l'inspection des viandes, il y aurait lieu, d'après Morot, de distinguer une ladrerie franche à cysticerques vivants, une ladrerie sèche à cysticerques dégénérés ou calcifiés, et une ladrerie mixte caractérisée par le mélange de cysticerques vivants et de cysticerques morts. Sous le rapport de la gravité, il distingue une ladrerie discrète (avec 1 à 50 grains), une ladrerie de moyenne intensité (de 50 à 200 grains) et une ladrerie confluente (de 200 à des milliers de grains).

Dans la ladrerie discrète, la viande pourrait par tolérance être rendue au propriétaire, après fragmentation en blocs de 1 kilogramme en moyenne et salaison à l'abattoir même, sous les yeux de l'inspecteur.

Pour la recherche des grains ladriques, l'inspection devrait porter principalement et obligatoirement sur l'examen de la langue après extirpation avec larynx et pharynx, sur l'examen du cœur, de la coupe de décollation, de la coupe de fente totale, d'incisions spéciales des régions masséternes, etc...

## Trichinose.

La trichinose est la maladie causée par la pénétration dans l'organisme de la *Trichina* ou *Trichinella spiralis*.

Ce parasite ingéré à l'état larvaire devient rapidement sexué dans l'intestin, causant d'abord une trichinose intestinale qui représente la première phase d'évolution de la maladie.

Les trichines adultes se reproduisent avec rapidité; les embryons pénètrent ou sont directement déposés dans les vaisseaux qui les charrient au travers de tous les tissus, et dès lors apparaît la seconde phase ou trichinose musculaire.

La trichinose est une affection anciennement connue ; Peacock (1828) et J. Hilton (1832) mentionnent l'existence des kystes à trichines ; Owen, en 1835, donne aux parasites des kystes le nom de *Trichina spiralis*. La trichinose étant assez fréquente à l'époque en Allemagne, Virchow et Leuckart en entreprirent l'étude, mais des confusions furent faites avec d'autres nématodes de l'intestin.

En 1847, Leydy reconnaît l'existence de la trichinose sur le porc américain.

Zenker, en 1860, trouve de la trichinose musculaire et intestinale à l'autopsie d'une jeune fille chez laquelle on avait cru à l'existence de la fièvre typhoïde ; une enquête bien conduite lui révèle que la jeune fille avait, quelque temps avant, mangé du jambon cru. Virchow et Leuckart reprennent leurs études, et le cycle d'évolution du parasite est bientôt définitivement connu.

De nos jours, par suite de l'amélioration de l'hygiène

publique et de l'hygiène de l'alimentation, la trichinose est
rare. Les dernières épidémies qui aient fait mourir un certain nombre de malades sont celles de Murcie (Espagne),
en 1900 et 1914.

*Étiologie.* — La trichinose peut frapper tous les mammi-
fères sans exception, depuis l'homme jusqu'à la souris ;
tous les animaux qui sont susceptibles d'être utilisés pour

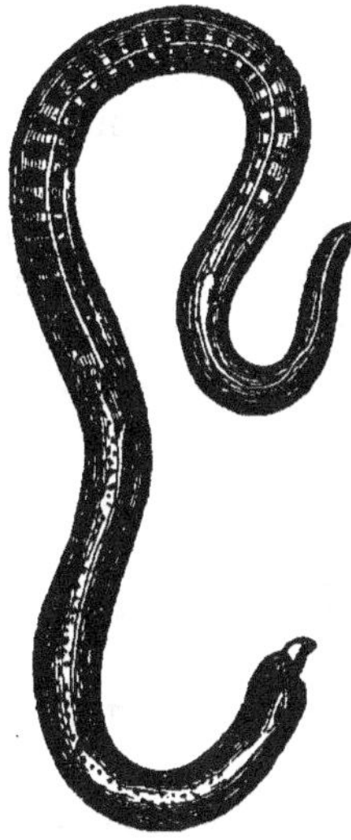

Fig. 52. — Trichine mâle de     Fig. 53. — Trichine intestinale
l'intestin (Colin).                  femelle (9, Colin).

des expériences de recherches la contractent à des degrés
variables.

Chez les oiseaux, la phase intestinale peut être observée,
mais il n'y a pas d'infestation musculaire par les embryons.

Chez les animaux à sang froid, le développement ne se
fait pas (Colin).

Après ingestion de viande trichinée, c'est-à-dire infestée
de parasites enkystés à l'état larvaire, les phénomènes
de digestion gastrique et intestinale mettent les larves en
liberté. Ces larves deviennent sexuées au bout de quatre
à cinq jours, et la ponte des femelles, qui sont d'ordinaire

en nombre double au moins des mâles, commence dès le sixième jour pour se prolonger pendant un mois ou six semaines. Chaque femelle peut donner approximativement de 10000 à 15000 œufs. — Les embryons perforent les parois intestinales, gagnent la circulation de retour, d'où ils se trouvent ensuite entraînés dans toute l'économie.

C'est cette période d'infestation qui correspond à la première phase de la maladie.

Askanazy, en 1896, a avancé que ce n'étaient pas les embryons qui perforaient les parois intestinales pour gagner les vaisseaux, mais que c'étaient les trichines femelles fécondées elles-mêmes qui gagnaient les origines des chylifères, et que la ponte s'effectuait directement dans le réseau des chylifères intestinaux.

Cette constatation est pleine d'intérêt, car elle montre, à l'inverse de ce que pensait Leuckart, qu'il ne peut même pas y avoir de traitement utile à la première phase.

Ce qu'il y a de certain dans tous les cas, c'est que les embryons gagnent les muscles par la voie sanguine, ainsi que Straübli l'a montré en 1905.

Les mâles ont $1^{mm},5$ de long environ, les femelles ovovivipares de 3 à 4 millimètres.

*Symptômes*. — Les symptômes sont sans signification bien précise lorsqu'on n'a pas de doutes sur l'évolution de l'affection, et, d'ailleurs, ils n'ont été bien observés que sur des animaux d'expériences. Dès que la période de ponte commence, on enregistre des troubles intestinaux : troubles d'entérite qui tiennent soit à la perforation des parois intestinales par les embryons, selon les idées de Leuckart, soit, au contraire, à la pénétration des femelles adultes dans les chylifères et à des troubles d'absorption intestinale, d'après Askanazy.

Ces troubles ne sont appréciables que lorsque l'infestation est massive. Si elle est légère, ils passent inaperçus. Ils se traduisent par de la diarrhée, de la perte d'appétit, des grincements de dents, des douleurs abdominales ayant la forme de coliques sourdes et parfois du péritonisme. Puis les embryons, entraînés par l'appareil circulatoire, vont échouer dans les tissus et, comme les cysticerques, s'enkystent de préférence dans les muscles, dans le tissu conjonctif interfasciculaire, vers les extrémités des faisceaux. Chaque parasite asexué joue là le rôle de corps étranger, provoque une infiltration séro-leucocytique périphérique, et bientôt s'enkyste à l'intérieur d'une petite logette ovoïde à paroi fibro-adipeuse. Les cellules graisseuses s'accumulent aux deux extrémités du fuseau kystique.

Le parasite, qui primitivement était rectiligne, prend la forme d'un arc, puis d'un 6, puis celle d'un 3, et vit d'une vie latente tant que dure l'enkystement. Ces kystes sont de très petites dimensions ; invisibles à l'œil nu, ils nécessitent l'examen microscopique pour être découverts. Ils ont $0^{mm},4$ de long sur $0^{mm},25$ de large. Il est très fréquent de trouver deux ou trois kystes superposés en ligne avec l'aspect de grains d'un chapelet, plus rare de trouver deux parasites dans le même kyste, quoique exceptionnellement on puisse en découvrir jusqu'à 6 et 7 (Chatin). La disposition en chapelet est due à ce que les parasites suivent les capillaires interfasciculaires.

L'infiltration graisseuse des parois kystiques se produit chez les animaux qui sont conservés longtemps et engraissés, les porcs, par exemple. De même, il est possible d'observer une infiltration calcaire, mais seulement lorsque les parasites ont perdu toute vitalité. Cette dégénérescence calcaire se fait par dépôt de carbonate et de phosphate de chaux dans les parois kystiques ; elle ne commence jamais avant le septième ou le huitième mois qui suit l'infestation et quelquefois beaucoup plus tard.

L'infestation de l'homme ou d'un animal quelconque ne se fait jamais que par ingestion de viande renfermant des trichines larvaires. Le porc et les petits rongeurs sont les animaux qui en sont le plus fréquemment atteints ; l'homme contracte la trichinose en mangeant de la viande de porc trichinée insuffisamment cuite. Les petits ron-

geurs, les rats principalement, se dévorant entre eux,
entretiennent la persistance de la trichinose dans certaines

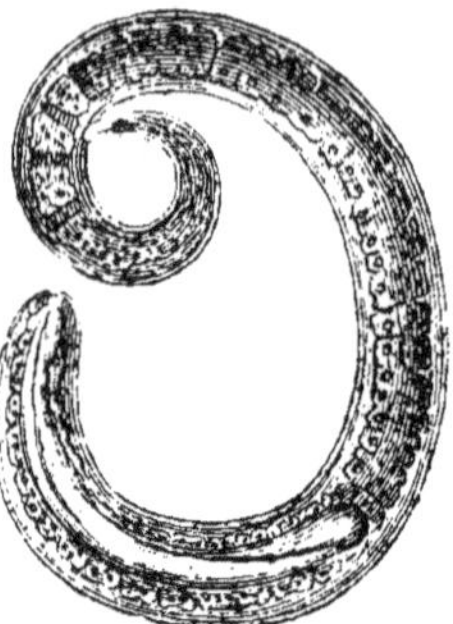

Fig. 54. — Trichine larvaire libre (Colin).

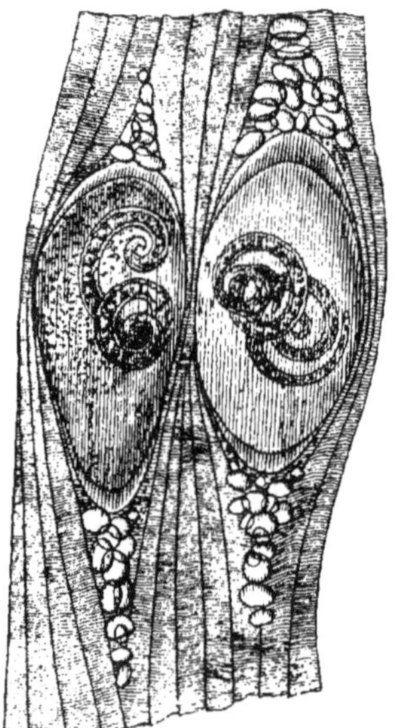
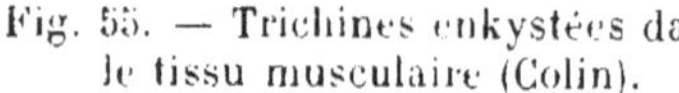
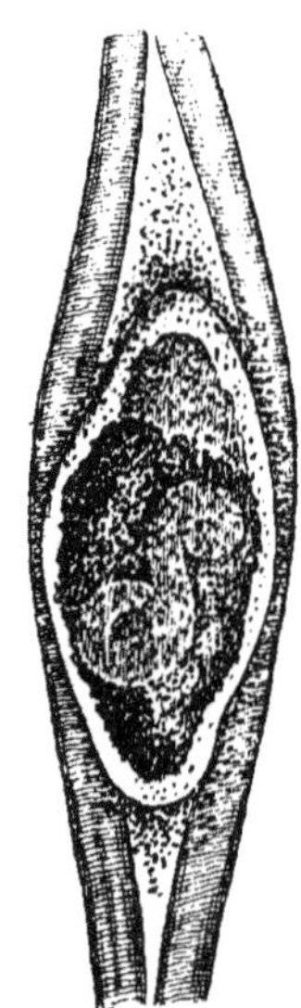

Fig. 55. — Trichines enkystées dans       Fig. 56. — Kyste trichineux
le tissu musculaire (Colin).                    ancien altéré (Colin).

régions. Les porcs élevés en liberté, et susceptibles par
suite d'ingérer des cadavres de ces rongeurs, contractent
la trichinose de cette façon ou par suite de leurs habitudes
coprophages.

Après pénétration des larves dans les tissus musculaires, les malades présentent pendant quelques semaines de la raideur des membres, de la difficulté de la marche, de la difficulté de la mastication; mais tous ces troubles disparaissent assez rapidement.

Ces données expliquent pourquoi la trichinose du porc est à peu près inconnue en France et en Italie. Elle est plus fréquente en Espagne, en Allemagne et dans certains États d'Europe (Hollande et Russie), bien que des recherches aient établi autrefois qu'à Paris il y avait environ 7 p. 100 de rats d'égout porteurs de trichines, et qu'en Allemagne, il y en avait jusqu'à 15 et 20 p. 100. En Amérique, à Chicago et à Cincinnati, cette proportion des rats atteints de trichinose s'est élevée jusqu'à 50 et 70 p. 100, et comme dans les États-Unis du Nord, les cochons étaient élevés en liberté absolue, il en est résulté qu'à une certaine époque un très grand nombre de porcs américains étaient trichinés.

De nos jours, par suite de précautions et de mesures sanitaires, cette proportion a fortement diminué.

*Diagnostic.* — Le diagnostic de la trichinose est fort délicat du vivant des malades ; par contre, il est facile au simple examen microscopique de viandes trichinées ou supposées telles. Sur le vivant, il faudrait, comme pour l'examen des viandes suspectes, posséder un petit fragment de muscle pour le soumettre à l'examen microscopique. On pourrait obtenir ce fragment par le procédé dit du harponnage, procédé qui consiste à enfoncer un trocart à encoche coupante ou un trocart dont la canule est munie aussi d'une encoche coupante vers son extrémité. En enlevant la tige, l'élasticité des tissus les fait bomber dans l'ouverture de l'encoche, et en enlevant la canule, on retire en même temps un petit fragment suffisant pour l'examen. C'est une méthode que l'on n'utilise pas.

On peut procéder de même au harponnage pour l'analyse de gros blocs de viande suspecte dont les couches supérieures ne révèlent rien.

Il suffit ensuite de prélever quelques parcelles de faisceaux musculaires, de les écraser entre deux lames, et d'examiner à faible grossissement. Cependant les viandes faiblement trichinées pourraient échapper avec ce procédé ; aussi a-t-on recours en Allemagne à un procédé beaucoup plus expéditif et beaucoup plus sûr, celui de la *trichinoscopie* (Kabitz).

A l'aide d'un appareil à projection, à lumière électrique ou oxhydrique, les fragments de tissu musculaire étant écrasés entre deux lames maintenues par un compresseur, on peut examiner une vingtaine de préparations en quelques minutes et environ vingt cochons à l'heure. La surveillance et l'inspection deviennent très rigoureuses et très sûres, tout en étant beaucoup plus expéditives et plus pratiques que l'ancien procédé de l'examen microscopique.

Les trichines vont s'échouer vers l'extrémité des muscles et l'origine des tendons ; le lard en est dépourvu ou à peu près. Ces trichines se trouvent de préférence dans le diaphragme. les muscles des épaules, les psoas et les muscles des cuisses.

*Pronostic.* — Le pronostic de la trichinose est relativement bénin pour les malades, tant qu'il ne s'agit pas d'une infestation massive ; mais il est très grave au point de vue de l'hygiène publique, en raison de la possibilité de transmission à l'homme par les viandes trichinées.

*Traitement.* — Il n'y pas de traitement curatif. On pensait autrefois que, dans le cas où le diagnostic précoce était établi, il était possible d'essayer de combattre la forme intestinale par des purgatifs et des vermifuges, de façon à empêcher la pénétration des embryons.

Cette ressource n'existerait même plus, d'après les constatations d'Askanazy ; et contre la forme musculaire, il n'y a rien à tenter. Le temps seul fait son œuvre, donnant une guérison relative avec la dégénérescence caséo-calcaire.

Les précautions prophylactiques doivent tendre à éviter la possibilité de contamination pour le porc ; c'est d'ailleurs une question qui intéresse exclusivement les Américains, puisque c'est chez eux seulement que la trichinose porcine sévit.

Sous le rapport de l'hygiène publique, la saisie des viandes trichinées et leur proscription de toute alimentation sont une règle absolue, bien qu'il ait été démontré que la cuisson parfaite détruise la vitalité des parasites qui sont tués vers 50° centigrades. La salaison ordinaire n'atteint que peu cette vitalité ; c'est ce qui explique pourquoi, suivant les époques, l'introduction de viandes américaines a été prohibée, et pourquoi l'inspection des viandes suspectes doit toujours être pratiquée.

Toutefois, il est utile de savoir que de nouvelles recherches ont démontré qu'un froid intense et prolongé de — 18° à 20° C, ou plus, tue les trichines larvaires, ce que H. Bouley avait déjà signalé autrefois. C'est là une constatation pleine d'intérêt au point de vue de l'hygiène publique, parce qu'elle prouve que, en cas de nécessité, des viandes suspectes de trichinose, mais qui ont passé par les frigorifiques (congélation — 16° à — 20° et conservation prolongée à — 8° ou — 10°), ou mieux, qui auraient séjourné pendant dix à quinze jours dans des chambres de congélation à — 16° ou — 20°, pourraient être consommées sans le moindre danger. La sécurité serait alors plus grande que l'examen trichinoscopique lui-même, qui n'a de valeur absolue que pour des examens positifs.

Les produits divers de charcuterie, qui n'auraient pas été fabriqués avec des viandes congelées, doivent être soumis à une température telle que toutes les parties profondes atteignent au minimum 57° ou plus.

D'après de nouvelles recherches américaines, qui, toutefois, demandent à être rigoureusement contrôlées (Salcer, 1916) les trichines, lors d'infestations expérimentales, se trouveraient dans le sang dès le septième jour; on les rencontrerait aussi dans le liquide céphalo-rachidien et la substance cérébrale. L'injection sous-cutanée de sérum de malades guéris aurait une action immunisatrice préventive et curative contre les infestations.

# MALADIES DU SYSTÈME NERVEUX

Les affections du système nerveux, chez les animaux de l'espèce porcine, sont exceptionnelles, et à peu près dénuées de tout intérêt clinique. D'un autre côté, l'exploration méthodique des malades est fort difficile ; les constatations doivent se borner simplement à ce que l'on voit, et l'interprétation des symptômes enregistrés est particulièrement délicate.

Cependant des troubles nerveux peuvent être la conséquence de maladies infectieuses, de maladies parasitaires et d'intoxications.

## Abcès de l'encéphale.

Comme complication de l'infection purulente (infection à *B. pyog. suis*) ou comme complication des arthrites suppurées, Cadéac et Bournay ont signalé la possibilité d'abcès du cerveau et de suppuration de l'oreille.

Ce sont là des accidents exceptionnels et fort rares, qui, dans l'observation précitée, avaient entraîné de la perte d'équilibre, de l'incoordination de mouvements, du mouvement de manège ou du roulement en tonneau.

Le diagnostic des accidents nerveux de cette nature n'est pas fort difficile, mais pour la nature et la précision d'emplacement des lésions, c'est une toute autre affaire. Il y a lieu, pour l'établir, de tenir compte de l'état général des sujets, des conditions dans lesquelles les manifestations pathologiques sont apparues, etc. Il n'y a naturellement aucune indication générale de traitement. Ce traitement est commandé par l'état clinique.

## Chorée.

Différents auteurs ont mentionné la *chorée* chez les tout jeunes porcelets, laquelle se traduirait par des secousses cloniques rythmiques plus ou moins étendues et d'intensité fort variable, assez comparables à celles que l'on enregistre chez les jeunes chiens atteints de complications de la maladie du jeune âge.

L'origine n'en a pas été établie, et il ne semble jamais avoir été tenté qu'une simple médication de symptômes à base d'antispasmodiques.

## Convulsions épileptiformes.

A la première période de l'infestation parasitaire de la cysticercose (*Cysticercus cellulosæ*), on a signalé la possibilité d'accidents cérébraux, résultant de la pénétration des embryons dans tous les tissus et dans le cerveau en particulier. Le développement de la vésicule cystique ne pouvant s'y poursuivre, les embryons meurent et les accidents ne sont que temporaires.¹

On a signalé cependant le tournis, des convulsions épileptiformes, des grincements de dents, du vertige, de la cécité, etc.

L'*épilepsie*, ou mieux les convulsions épileptiformes ont été enregistrées aussi au début de différentes maladies infectieuses, en particulier au début de la pneumo-entérite infectieuse (peste, pneumonie contagieuse, entérite infectieuse), du rouget, et à la période du début de la cachexie osseuse.

Mais, les plus fréquentes semblent être celles que l'on considère comme d'origine vermineuse, et qui s'observent sur les porcelets âgés d'un à trois mois de préférence, rarement plus tard. Elles se manifestent au moment des repas, à la suite de l'ingestion des premières gorgées de liquide. Avec les aliments solides, les crises sont moins fréquentes. Les porcelets atteints reculent en poussant un cri aigu, sont pris de tremblements convulsifs qui agitent tout le corps, tombent à la renverse ou sur le flanc, agitent les membres, les mâchoires, et paraissent sous le coup d'une véritable attaque d'épilepsie. La crise dure ordinairement d'une à cinq minutes; la respiration est très accélérée, la peau et les muqueuses congestionnées. Des malades peuvent succomber au cours des crises qui entraînent la mort par asphyxie. Plusieurs sujets de la même portée peuvent être frappés en même temps ou successivement.

La crise terminée, le malade reste comme hébété ; il se relève en titubant, paraît essoufflé pendant quelques minutes, puis avec tristesse va reprendre et continuer son repas.

En dehors des crises, il est difficile de soupçonner la maladie ; les malades sont plus nonchalants, plus tristes qu'à l'état normal, plus anémiques aussi malgré l'embonpoint ; mais ce sont là des symptômes difficiles à interpréter.

Au cours des autopsies, on relève ordinairement de l'entérite, de la péritonite et de l'ascaridiase ou lombricose. L'affection vermineuse est souvent très massive.

Le *diagnostic* est facile quant aux manifestations objectives, mais, pour préciser l'affection parasitaire, il faut recourir aux autopsies ou à l'examen des excréments.

Le *pronostic* est grave ; la mortalité peut s'élever à 50 p. 100 ; mais dans ce chiffre, il y a les cas de mortalité par convulsions nerveuses du début des maladies infectieuses.

Les infestations parasitaires simples ne donnent pas de chiffres aussi élevés, à moins d'être massives.

Certains auteurs, Poëls en particulier, signalent aussi chez le cochon une méningite spinale infectieuse.

— Le *traitement* doit être à peu près exclusivement anthelminthique ; les autres ne réussissent pas. Et parmi les anthelminthiques à administrer, lesquels doivent être dosés suivant l'âge et le poids des malades, il faut donner la préférence au calomel, à la poudre de fougère mâle, à la poudre de feuilles d'absinthe, à *la poudre de noix d'arec* et au *semen contra*.

Les purgatifs et les laxatifs doivent compléter.

# CHAPITRE II

## HERNIES

Les hernies sont congénitales ou acquises, suivant qu'elles existent à la naissance, apparaissent dans les jours qui suivent, ou bien qu'elles ne se montrent que tardivement, au cours de la vie, sous des influences multiples, parfois accidentelles.

### Hernies congénitales.

*Hernie inguinale du porcelet.*

Cette variété est très fréquente chez les porcelets, en raison des dispositions anatomiques spéciales et des dimensions du canal inguinal. Elle prend naissance par suite de l'agrandissement du trajet inguinal ; les anses intestinales, sollicitées par leur propre poids, s'accumulent en position déclive et s'engagent très librement dans le canal.

Les signes n'apparaissent qu'exceptionnellement durant les premiers jours de la vie. C'est seulement après quinze jours, trois semaines, au début du sevrage, et d'ordinaire quand le porcelet commence à manger, qu'on les voit s'accentuer.

La hernie se traduit par une déformation locale, une bosselure commençant en avant du pubis et s'allongeant en arrière entre les deux membres postérieurs. La position asymétrique suffit à en faire prévoir l'origine et la nature. A la palpation des anses intestinales herniées, on y constate la présence de liquide, surtout après les repas, et on entend un bruit de gargouillement caractéristique.

*Diagnoslic*. — Pour assurer le diagnostic, on place l'animal en décubitus dorsal, ou bien on le suspend par les membres postérieurs, et on tente la réduction, qui, règle générale, s'effectue très facilement. Sitôt le malade remis en station quadrupédale, la hernie se reproduit.

Le *pronoslic* n'est pas grave, l'étranglement étant excep-

Fig. 57.

tionnel ; mais les animaux qui en sont atteints se développent moins bien que les autres ; on opère cette hernie quand on castre le sujet.

Le *trailemenl* en est exclusivement chirurgical. On pratique en même temps la réduction de la hernie et la castration. L'animal étant immobilisé en position dorsale, on fait sur la région inguinale une incision d'environ 5 à 8 centimètres, qui doit porter seulement sur la peau et le tissu conjonctif sous-cutané. On isole alors complètement la gaine vaginale, on réduit la hernie, on ouvre la gaine pour s'assurer que la réduction est parfaite, on place une ligature sur la gaine et le cordon au niveau de l'anneau inguinal inférieur, puis on enlève le testicule.

S'il y a des adhérences intestinales vers le fond du sac

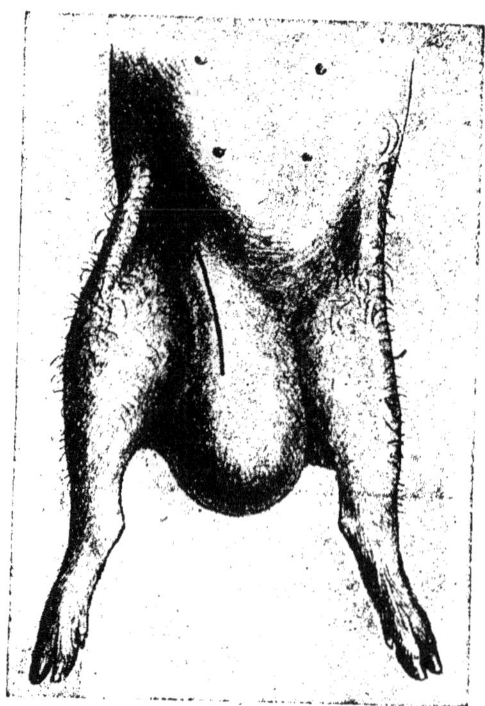

Fig. 58. — Hernie inguinale du porcelet.

herniaire, ce qui est exceptionnel, mais possible, on incise la gaine vaginale, on libère l'anse herniée adhérente que l'on réduit ensuite aisément, puis on tord la gaine et le cordon jusqu'au niveau de l'anneau inguinal, et on lie au catgut ou à la soie. Pour que cette ligature en masse ne se déplace pas, on la fixe à l'aide d'un fil passé dans le milieu du pédicule, et on sectionne le sac herniaire immédiatement au-dessous. Afin de donner une plus grande sécurité, on peut même faire une suture à travers les bords de l'anneau inguinal :

*Premier temps.* — Incision de longueur variable, sur le col herniaire et la grande courbure de la hernie.

*Deuxième temps.* — Isolement du sac herniaire (gaine vaginale dilatée).

*Troisième temps.* — Réduction directe de la hernie sans ouverture du sac, s'il n'y a pas d'adhérences, ou après ouverture du sac, si des adhérences existent.

*Quatrième temps.* — Torsion du sac herniaire et du cordon testiculaire jusqu'à l'anneau inguinal. Ligature au catgut ou à la soie au niveau de l'anneau.

*Cinquième temps.* — Fixation de la ligature aux lèvres de l'anneau. — Suture cutanée et pansement au collodion, ou drainage de la plaie à la gaze iodoformée s'il y a lieu.

### *Hernie ombilicale.*

La hernie ombilicale est assez fréquente, elle aussi, chez les jeunes porcelets, et, lorsqu'elle existe, durant le premier âge, il est assez rare qu'elle guérisse spontanément à l'époque du sevrage. L'estomac prend bien alors tout son développement ; les anses intestinales se trouvent déplacées et rejetées en arrière, mais la hernie disparaît moins facilement que chez le veau. Exceptionnellement il peut y avoir étranglement.

Les *symptômes* sont extrêmement nets, ils se traduisent par une déformation de la ligne abdominale et la présence d'une tuméfaction froide indolore plus ou moins volumineuse, mollasse, facilement réductible d'ordinaire, au niveau de l'ombilic. Cette tuméfaction varie de volume selon les phases de la digestion.

*Diagnostic.* — Pour assurer le diagnostic, il n'y a qu'à mettre les malades en position dorsale, la réduction des anses herniées s'établit spontanément, ou on l'obtient par un léger taxis ; le passage des anses au niveau de l'anneau provoquant le plus souvent le bruit de gargouillement caractéristique.

La confusion avec un abcès de la région est pour ainsi dire impossible, même dans les cas d'adhérences des anses intestinales au fond du sac herniaire, parce que l'abcès ne change pas de volume quelle que soit la position, et ne donne jamais de bruit de gargouillement.

*Pronostic.* — Les petits sujets qui sont atteints de

Fig. 59. — Hernie ombilicale chez le porcelet.

hernie ombilicale, même peu volumineuse se développent moins régulièrement et moins bien que des sujets normaux.

*Traitement.* — Le péritoine des animaux de l'espèce porcine étant particulièrement résistant aux infections, le traitement logique, qui est en même temps le traitement de choix, consiste dans la cure radicale de la hernie.

Lorsqu'on se propose de faire cette cure radicale, on immobilise les malades en position dorsale, on aseptise le champ opératoire, puis la peau est incisée sur la grande convexité de la tuméfaction pour la délimitation du sac herniaire. Le sac herniaire est ouvert, les adhérences libérées s'il y en a. On réduit les anses herniées et on fait la suture aseptique de l'anneau herniaire avec de la soie forte.

Dans des cas rares de hernie ancienne, avec bords indurés de l'anneau, il y aura lieu de les aviver en pratiquant la suture de la musculeuse. L'opération est terminée par une suture cutanée et un pansement d'ombilic, après ablation du sac. Les opérés sont laissés à la diète.

Lorsque l'anneau herniaire est large et que les lèvres sont très écartées, on applique des *points de renforcement*, pour éviter l'inconvénient de voir les bords de l'anneau se couper avec les points de suture ordinaires.

## Hernies acquises.

### *Hernies abdominales.*

Les hernies au travers de la paroi abdominale, siégeant à droite ou à gauche, sont ordinairement et presque exclusivement des hernies acquises, d'origine accidentelle traumatique. Elles peuvent siéger en des points variables de la région des flancs, à des hauteurs différentes, se montrer peu volumineuses ou au contraire très graves, être réductibles ou non suivant les dimensions d'ouverture de l'anneau herniaire, ou suivant qu'il existe ou non des adhérences à l'intérieur du sac herniaire, parfois évoluer avec les caractères de hernie étranglée.

Les *symptômes* se traduisent par une tuméfaction et une déformation de la ligne normale de l'abdomen du côté droit ou du côté gauche, par la présence de bruits de gargouillement à la palpation ou durant les tentatives de réduction, par des troubles digestifs, des coliques, ou parfois des accidents fort graves lorsqu'il y a hernie étranglée.

Cependant, il est intéressant de savoir que, dans ce dernier cas, il y a toujours lieu d'espérer une guérison, même lorsque l'intestin hernié est gangrené, à la faveur de l'établissement d'un anus artificiel et de la guérison tardive et éloignée de cet anus artificiel.

La complication de péritonite généralisée est infiniment moins fréquente chez le cochon que chez les autres espèces.

Le *diagnostic* de la hernie abdominale est très facile, et il serait difficile de confondre avec des abcès, des kystes ou autres affections de la paroi ventrale.

Le *pronostic* est différent selon les caractères mêmes de la hernie, mais l'indication formelle qui en résulte est toujours l'intervention chirurgicale.

*Traitement.* — L'intervention dans les hernies abdomi-

Fig. 60.

nales est soumise aux mêmes règles et à la même technique opératoire que dans la hernie ombilicale; il est donc inutile d'y revenir et d'y insister. Toutefois il peut se faire, dans les hernies étranglées, avec anneau herniaire très étroit, que l'on soit obligé d'agrandir cet anneau pour faciliter la réduction d'un intestin congestionné, enflammé et particulièrement fragile. L'opération doit être faite avec la plus grande délicatesse de doigté et la plus grande prudence.

Il peut arriver aussi que l'étranglement remonte à un temps assez éloigné, que l'on se trouve en présence d'un intestin gangrené. Il n'y a pas lieu alors de songer à la réduction, mais on peut parfaitement tenter de fixer les abouts supérieur et inférieur de l'intestin aux bords de l'orifice herniaire et de réséquer toute la partie gangrenée. Il en résulte l'établissement d'un anus artificiel, qui est parfaitement compatible avec la survie de l'opéré et même avec une guérison définitive ultérieure.

Il se peut même, exceptionnellement, qu'il n'y ait pas autre chose à faire qu'à ouvrir le sac herniaire et à enlever les tissus mortifiés (intestin, fragments d'épiploon, de tissu graisseux sous-cutané, etc.), les abouts intestinaux se trouvant déjà naturellement soudés aux commissures de l'ouverture herniaire au moment de l'intervention.

S'il y a ainsi anus artificiel établi spontanément ou après intervention, il n'y a plus qu'à attendre sa réparation spontanée ou à favoriser le rétablissement du cours alimentaire naturel par l'opération. Dans la circonstance, l'opération se limite à un large pincement sur l'éperon de la fistule intestinale (anus artificiel).

L'opéré se développe moins bien qu'un sujet normal, mais ce n'est pas toutefois une non-valeur, il peut s'engraisser.

# MALADIES DE LA PEAU

## Érysipèle.

Sous le nom d'érysipèle, on désigne une affection qui se traduit par de la congestion cutanée s'accompagnant de tuméfaction, de rougeur et de sensibilité très vive. La localisation se fait de préférence aux oreilles, sur la tête et le cou.

La peau est tendue, chaude, luisante, quelquefois recouverte de phlyctènes.

Il est d'ailleurs fréquent de voir ces accidents se manifester comme complication de morsures aux oreilles, lorsque des animaux jeunes, non élevés en commun, sont réunis en bandes plus ou moins nombreuses lors des acquisitions sur les marchés. L'allure est à peu près celle de la même affection si bien connue chez l'espèce humaine.

Les lésions ont nettement une tendance envahissante vers la périphérie durant quelques jours, puis il y a arrêt et régression. La formation de phlyctènes et l'exfoliation épidermique sont des complications fréquentes ; l'évolution d'abcès est une exception.

Il semble de toute évidence qu'il s'agisse d'une infection spécifique par les plaies cutanées, mais, jusqu'ici, il n'a pas été établi, à ma connaissance, que l'infection soit due à un streptocoque spécial comme pour l'érysipèle humain.

Le *diagnostic* est assez facile, le *pronostic* bénin.

Le *traitement* doit comporter tout d'abord l'isolement des malades, pour éviter les blessures et les aggravations qui pourraient être la conséquence de nouveaux traumatismes. Il faut ensuite traiter localement par des lotions ou des pommades antiseptiques et astringentes ; pommade camphrée, pommade à l'ichtyol, applications de glycérine phéniquée (glycérine, 50 ; acide phénique, 1 ; etc.).

Les loges où les malades ont séjourné doivent être dans la suite totalement désinfectées.

### Phtiriase (maladie des poux).

Les cochons, comme les animaux des autres espèces, peuvent être atteints de différentes maladies parasitaires externes, dont la plus fréquente est toujours la phtiriase ou maladie provoquée par les poux (maladie pédiculaire, pouillottement). Elle se voit de préférence dans les régions pauvres, les pays de montagnes et les pays d'élevage, là où les animaux sont entretenus dans des conditions parfois misérables ou qui tout au moins laissent à désirer ; elle est beaucoup plus rare chez des sujets bien entretenus, tout à fait exceptionnelle chez des animaux à l'engrais. La misère physiologique, la maigreur, la mauvaise alimentation, les mauvaises conditions d'hygiène, les maladies débilitantes, etc., etc., favorisent le développement des parasites en diminuant la résistance individuelle des sujets. Les faits se passent dans l'espèce porcine comme chez les autres espèces ; les pouilleux se rencontrent surtout chez les miséreux.

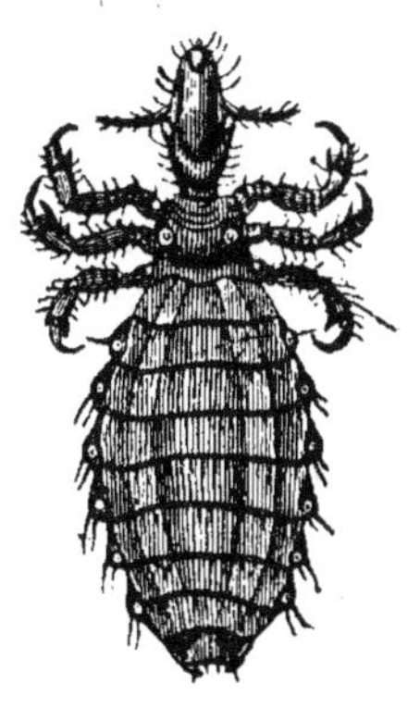

Fig. 61. — Hæmatopinus suis femelle. Grossissement, environ 9 diamètres (Delafond).

Le signe de la phtiriase est tellement manifeste qu'il ne peut échapper à personne, puisqu'il est caractérisé par la présence, à la surface du corps, de poux d'une seule variété, et de la variété la plus grande que l'on connaisse chez nos animaux domestiques (*Hematopinus urius*). Ces poux sont visibles à distance parce qu'ils peuvent.

atteindre jusqu'à 3 et 4 millimètres de longueur, et parce que leur teinte brune se détache nettement sur le fond blanc rosé de la surface du corps ou le long des soies qui le recouvrent. D'ailleurs, les poux du cochon ne se répandent pas indistinctement sur toute la surface du corps; ils se cantonnent de préférence au pourtour des yeux, derrière les oreilles, sur la nuque, le bord supérieur de l'encolure, la région des coudes et la partie inférieure de la poitriné ; on en trouve ailleurs un peu partout, mais en quantité infiniment moindre.

Par leurs déplacements continuels, leurs piqûres, ils tiennent les sujets qui en sont porteurs en état d'agitation permanente et ne leur laissent nul repos ; les malades maigrissent progressivement, s'épuisent, et, s'il est vrai que les poux ne puissent à eux seuls provoquer la mort par anémie, cachexie progressive et consomption, ils contribuent largement à cette terminaison chez des sujets en état de misère physiologique pour une autre raison. Le prurit qu'ils déterminent porte les malades à se gratter, à se frotter contre tous les obstacles, à s'écorcher parfois. La peau paraît sale et de vilain aspect, plus ou moins recouverte d'une sorte d'enduit ou d'exsudat humide jaune brunâtre. La multiplication des poux se fait, tout le monde le sait, avec une extrême rapidité, chez des sujets abandonnés sans soins. C'est par centaines qu'on peut les voir grouiller dans les cantonnements de prédilection.

La maladie n'apparaît que par contamination, c'est-à-dire par un ensemble de circonstances qui fait qu'à un moment donné un animal indemne se trouve envahi par plusieurs parasites de sexe différent ; la reproduction et la multiplication font le reste. Mais il suffit d'un pouilleux dans un élevage pour contaminer ensuite tous les autres sujets de ce même élevage, et avec plus ou moins de rapidité selon qu'ils sont ou non en état de réceptivité, c'est-à-dire plus ou moins bien soignés.

La dissémination dans les petits élevages distincts se

fait souvent par l'intermédiaire du verrat, s'il est pouilleux lui-même, ou s'il s'est infesté au contact de truies atteintes de phtiriase.

Cette affection si facile à diagnostiquer n'est, en réalité pas grave par elle-même chez des sujets bien entretenus et bien nourris; elle n'est grave que pour les miséreux ; mais ce qu'il ne faut pas oublier, c'est qu'il faut traiter les pouilleux et désinfecter en même temps les locaux qui les abritent, parce que sans cette dernière précaution la première intervention ne servirait à rien. Et ce n'est pas toujours là la mesure la plus facile à exécuter, parce que bien des fois les cochons sont abrités dans des loges totalement indésinfectables.

Les moyens de traitement sont nombreux, on n'a presque que l'embarras du choix; les applications d'un mélange à parties égales d'huile, de pétrole et de benzine sont à la portée de tous ; on peut les répéter à deux ou trois jours d'intervalle, s'il y a nécessité, et il faut compléter ensuite par un savonnage au savon noir. Les décoctions de tabac, les décoctions de staphysaigre, les simples savonnages à l'eau de lessive peuvent aboutir au même résultat. Le crésyl en solution tiède à 20 grammes par litre d'eau est aussi un antiparasitaire très efficace.

Mais il ne suffit pas de traiter les malades, il faut aussi désinfecter les locaux par un nettoyage à fond, suivi de lavages à l'eau de lessive bouillante, après quoi on badigeonne les murs au lait de chaux, à moins que l'on ne préfère, après le lavage à l'eau de lessive, faire brûler du soufre à raison de 30 à 50 grammes par mètre cube d'air, et fermer hermétiquement le local pendant vingt-quatre ou trente-six heures. Ce n'est qu'à cette condition que la phtiriase ne reparaît pas, car il est évident que, si on laisse la vie sauve à tous les parasites qui sont dans les litières, les anfractuosités des murs, etc., ils reviennent aussitôt se cantonner sur les habitants du local.

Un nouveau savonnage des malades est généralement obligatoire huit à quinze jours après le premier.

## Gale sarcoptique du porc.

Le porc ne présente qu'une seule espèce de gale sarcoptinique, la forme sarcoptique due au *Sarcoptes scabiei* (v. *suis*).

Elle a été décrite par Viborg, Gurlt, Spinola, qui avaient trouvé un sarcopte dans la gale du sanglier (1847). Hertwig et Gerlach firent la même observation quelques années plus tard. C'est Delafond qui, en 1857, découvrit le sarcopte de la gale du porc.

*Étiologie.* — La gale sarcoptique du porc est due à la présence du *Sarcoptes scabiei* (v. *suis*). Elle est très contagieuse, mais sans signes apparents manifestement évidents.

La contagion est favorisée par la misère, la promiscuité, la malpropreté et de mauvaises conditions d'hygiène.

Les sujets de race commune résistent plus que les sujets de race améliorée (Neumann), mais aucun n'est à l'abri de ses atteintes.

Cette gale est contagieuse à l'homme et aux autres animaux (Delafond).

*Symptômes.* — Elle débute de façon insidieuse, mais, comme dans la phtiriase, les parasites choisissent des cantonnements de prédilection, généralement sur la tête, aux oreilles, autour des yeux, pour s'étendre sur la croupe, à la face interne des cuisses, etc. Dans la gale récente, on ne distingue pas la présence des galeries sous-épidermiques, mais on voit des papules rougeâtres très rapprochées. Une prolifération épidermique active et des suintements au niveau des piqûres amènent la formation de croûtes sèches d'un blanc grisâtre, argentées, adhérentes lorsqu'elles sont encore minces, faciles à détacher dans le cas contraire, et pouvant atteindre plusieurs millimètres et jusqu'à 1 centimètre d'épaisseur. La peau se ride, les soies tombent ou sortent de leurs follicules et s'agglutinent par petits pinceaux avant de tomber. Les plaques galeuses envahissent tout le corps; l'animal

COCHON ATTEINT DE GALE SARCOPTIQUE.

paraît comme saupoudré de guano sec (Muller); la surface du corps est rugueuse, sale, gris noirâtre.

Dans les cas graves et anciens, sous les croûtes, cette peau est gercée, excoriée, indurée ; au thorax, à l'abdomen, elle peut acquérir une épaisseur de 3 à 4 centimètres. Dans d'autres régions, surtout à la base des oreilles, les papilles du derme s'hypertrophient, acquièrent le volume d'un pois, quelquefois d'une fève, et soulèvent les croûtes dont elles sont coiffées, ce qui leur donne l'aspect des verrues que l'on rencontre sur les lèvres du chien ou le pis des vaches. C'est sous ces productions épidermiques qu'il faut chercher les sarcoptes et, pour les trouver, il faut gratter jusqu'au sang. Mais ce sont là des lésions exceptionnelles qui ne se rencontrent que chez les galeux abandonnés sans aucun soin. Dans les cas ordinaires, les signes sont beaucoup moins accusés, les malades paraissent seulement très crasseux.

Les dimensions des parasites les rendent visibles à l'œil nu et surtout à la loupe. Ils représentent la plus grande variété des *Sarcoptes scabiei* ; la femelle ovigère atteint jusqu'à un demi-millimètre de long.

Guzzoni a trouvé, dans les oreilles, des parasites de taille plus petite, et j'en ai moi-même rencontré à la surface du corps des adultes dont les dimensions étaient tout à fait ordinaires.

La gale du porc progresse avec lenteur. Lorsqu'elle est généralisée sur le corps, elle empêche l'engraissement et amène le marasme.

Un seul symptôme clinique domine toute cette évolution, le grattage. Les malades se frottent partout où ils peuvent, et principalement les parties latérales du corps contre les murs.

Si elle sévit dans des élevages nombreux, la mortalité devient rapidement très élevée chez les porcelets, alors même que les symptômes présentés par les petits malades sont encore peu marqués.

Lorsque la gale sévit à l'état épizootique dans une porcherie d'élevage, tous les sujets ou à peu près peuvent être frappés à des degrés variables. Les adultes s'entretiennent tant bien que mal avec leur affection cutanée, mais l'élevage ne réussit pas ou réussit mal.

Les petits se contaminent avec une facilité extraordinaire, et chez eux les symptômes sont beaucoup moins nets. La peau a mauvais aspect; elle paraît sale et l'affection se traduit seulement par du prurit. Des porcelets bien constitués et bien portants à la naissance deviennent malingres et souffreteux dès l'âge de deux à trois semaines ; à un mois ou six semaines, ils tombent dans le marasme pour mourir cachectiques peu après. L'élevage est irrémédiablement compromis.

*Diagnostic*. — C'est la seule maladie parasitaire du cochon qui envahisse toute la surface du corps en présentant cet aspect pulvérulent des croûtes. Elle se distingue facilement de l'eczéma ou de l'impétigo, qui se caractérisent par du suintement et des croûtes.

*Pronostic*. — L'affection n'est pas insignifiante; les formes épizootiques peuvent avoir des conséquences très graves, et c'est à ce point de vue qu'il y a lieu d'envisager les mesures à prendre.

*Traitement*. — Les mesures à prendre sont les suivantes :

1º Désinfection de la porcherie ou d'une partie de la porcherie par enlèvement des litières, nettoyage du sol, lavages à l'eau de lessive bouillante [carbonate de soude, (cristaux) à 50 p. 1000], arrosages avec une solution de pentasulfure de potassium ou de sulfate de fer à 40 ou 50 grammes par litre d'eau ;

2º Traitement des malades : application de savon mou pendant plusieurs heures, brossage énergique pour le nettoyage de la peau; puis arrosages et frictions avec une solution de pentasulfure de potassium à 40 grammes par litre d'eau.

Pour les cas graves, les frictions à la pommade d'Helmerich ou la pommade soufrée simple agissent plus énergiquement et plus longtemps surtout. Chez les jeunes, en particulier, la pommade soufrée donne des résultats rapides ;

3º La porcherie doit obligatoirement subir une nouvelle désinfection en fin de traitement.

## Gale démodécique du porc.

Elle a été bien observée pour la première fois par J. Csokor. Depuis elle a été retrouvée par Neumann et Lindqvist.

Les pustules isolées ont la grosseur d'un grain de sable ; en devenant confluentes, elles peuvent acquérir la grosseur d'une noisette. Elles sont quelquefois pigmentées, souvent profondes, entourées d'une zone inflammatoire et situées aux endroits où la peau est fine (groin, cou, ventre, etc.). Les démodex se logent et se multiplient non dans les follicules pileux, mais

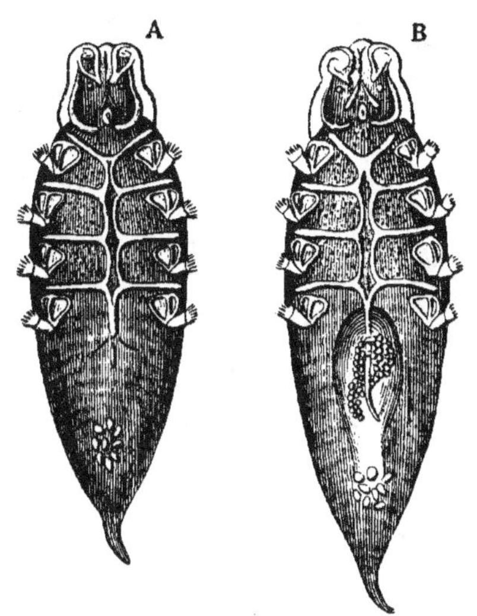


Fig. 62. — Démodex du porc grossi 250 fois (Railliet).

dans les glandes sébacées. Csokor considère cette maladie comme contagieuse. Sur 100 porcs, il en a vu 22 atteints. Lindqvist n'observa qu'un cas sur un troupeau de 200 individus.

Quoiqu'il en soit, c'est une affection rare, peu grave, facile à diagnostiquer, puisqu'elle provoque l'évolution de véritables petits abcès sébacés de la surface de la peau.

Le traitement comporte exclusivement l'ouverture de ces petits furoncles, l'évacuation du pus, le tamponnement de la cavité à l'eau iodée, et des applications de pommade soufrée dans le voisinage.

## Impétigo du porc.

Le terme d'*impétigo*, de *dartre*, ou même d'eczéma est employé pour qualifier une affection caractérisée par une éruption de papules, dont le suintement provoque la formation de croûtes jaunâtres qui deviennent grises ou brunes en se desséchant. Le point de départ de l'érup-

Fig. 63. — Impétigo du porc.

tion reste indéterminé, mais les croûtes ne tardent pas à s'infecter au contact de l'air, et les lésions du début peuvent aboutir à la suppuration.

Cette maladie ne s'observe plus de nos jours, d'une façon courante, que chez les porcelets, dans les élevages nombreux ou mal entretenus.

*Symptômes*. — C'est d'ordinaire vers l'âge de deux ou trois mois que l'éruption apparaît, avec un prurit modéré. Les papules se déchirent après deux ou trois jours et laissent échapper un liquide citrin qui s'épanche en surface et se dessèche rapidement en agglutinant la base des soies. Les croûtes ainsi formées restent adhérentes à la peau, tout en se crevassant et en se fendillant vers la surface. — Elles augmentent en épaisseur, recouvrent la tête et les parties supérieures du corps, puis le ventre et la face interne des cuisses, et ne s'arrachent qu'avec difficulté, laissant à nu un chorion saignant, sanieux ou purulent. — Les malades maigrissent, perdent l'appétit, ne se développent pas, prennent l'aspect de rachitiques ou de crétins et peuvent succomber si les conditions générales d'entretien ne sont pas modifiées.

Le *diagnostic* ne présente aucune difficulté, il faut toutefois distinguer d'avec l'éruption variolique; mais le *pronostic* varie suivant l'ancienneté de l'affection et l'état de misère des malades.

*Traitement.* — Le traitement est basé tout entier sur le changement des conditions d'hygiène et d'entretien et sur les soins de propreté : les malades seront lavés ou baignés, désinfectés à plusieurs reprises, et l'alimentation sera choisie.

Pour laver utilement, il convient de ramollir les croûtes au préalable, afin de ne pas faire saigner, et de ne pas transformer en plaies suppurantes les surfaces malades. — Les applications d'huiles ou de corps gras sur les régions croûteuses facilitent l'intervention ; de simples lavages émollients à l'eau de son permettent ensuite un nettoyage complet de la surface du corps. Au besoin, on peut lotionner avec des solutions boriquées (1 p. 100) ou crésylées faibles (0,25 à 0,50 p. 100). — Le séjour au grand air, en liberté, et une bonne nourriture font rapidement disparaître les signes inquiétants.

L'impétigo est fréquent chez les porcelets atteints d'helminthiase intestinale.

### Eczéma des nouveau-nés.

On a décrit en Allemagne sous le nom d'*eczéma ou de suie des porcelets*, une affection qui frapperait les nouveau-nés peu de jours après la naissance, se traduisant par une éruption eczémateuse généralisée. Elle prendrait très facilement et très rapidement un caractère contagieux. Atteints à l'âge de quatre à huit jours, tous les porcelets d'une même portée pourraient être atteints en moins d'une semaine. Selon les conditions d'hygiène, bonnes ou mauvaises, la guérison serait la règle, ou au contraire la mortalité fort élevée.

L'éruption papuleuse du début donnerait rapidement naissance à des vésicules, lesquelles, en se rupturant, laisseraient échapper de la sérosité citrine. Au contact de l'air, le liquide se dessécherait et se chargerait de poussières ou de souillures variées qui simuleraient un saupoudrage de la surface du corps avec de la suie de cheminée.

L'affection pourrait être confondue avec la variole, laquelle, dans les cas d'éruption cutanée confluente, donne à distance le même aspect extérieur. L'examen attentif des malades, et surtout l'examen après savonnage du corps à l'eau tiède, ne peut laisser subsister de doutes, les caractères des pustules ne pouvant être confondus avec les plaques d'eczéma.

Le *traitement* doit avoir pour base d'excellentes conditions d'entretien sous le rapport de la propreté, de l'alimentation, de la température, etc. Les petits malades seront traités exactement comme ceux atteints d'impétigo et il semble d'ailleurs que cet eczéma des nouveau-nés soit très comparable sinon identique à l'impétigo dont il est question ci-dessus.

## Urticaire du porc.

Sous le nom d'*urticaire* ou d'*échauboulure*, on désigne, chez le porc, une affection bénigne qui apparaît au printemps et à l'été et qui se traduit par des éruptions cutanées très caractéristiques.

Elle semble devoir être rapportée à des intoxications d'origine alimentaire.

*Symptômes.* — Les troubles gastriques sont dominants au début. Il y a inappétence, constipation ou diarrhée, parfois des vomissements et toujours une certaine réaction fébrile.

Les malades, bien portants la veille, sont frappés en une nuit, une demi-journée parfois, et bientôt on voit apparaître à la peau des taches rouges légèrement saillantes, plus ou moins foncées, de 1 à 3 centimètres de diamètre environ.

L'éruption peut aussi se montrer confluente avec larges plaques irrégulières rouges ou violacées, sensibles au toucher, localisées sur les régions supérieures et latérales du corps.

L'aspect hémorragique est exceptionnel.

La guérison est la règle après quarante-huit heures dans les cas bénins, cinq ou six jours dans les cas graves.

*Diagnostic.* — Le diagnostic différentiel d'avec le rouget reste toujours hésitant, surtout pour des premiers cas, bien que les plaques congestives ou hémorragiques n'aient pas le même siège.

Selon Jensen, Lorenz et Schmidt, l'urticaire ne représenterait qu'une forme atténuée du rouget.

*Pronostic.* — Le pronostic est généralement bénin.

*Traitement.* — L'origine digestive étant incontestable, il est indiqué de laisser les malades à la diète et de leur administrer des purgatifs légers à doses variables, suivant l'âge et la taille : sulfate de soude, 15 à 50 grammes ; crème de tartre, 15 à 30 grammes ; huile de ricin, 30 à 50 grammes ; calomel, 0$^{gr}$,10 à 0$^{gr}$,60.

Le retour à la santé est très rapide.

## Sclérodermie.

Cette appellation est appliquée à un état qui se caractérise par de l'épaississement et de l'induration de la peau. Elle a été signalée chez les mâles de l'espèce porcine, principalement chez les verrats ou les sujets âgés.

Les *symptômes* sont assez difficiles à enregistrer, bien souvent, on ne les découvre qu'à l'abatage. Sans que les apparences extérieures soient modifiées, la peau s'épaissit, s'indure, ne se sclérose pas par places ou sur des surfaces très étendues, comme on l'avait cru, mais subit simplement une hypertrophie, une hyperplasie très marquée du derme normal (Basset). Elle peut acquérir 3, 4 et 5 centimètres d'épaisseur en différents points, montrant de véritables plaques dures, rigides, inextensibles et inélastiques. Le début s'effectue de préférence vers la région dorsale, puis il y a extension irrégulière vers les côtés du thorax et parfois jusque sur les membres.

Le malade se trouve alors comme emprisonné dans une véritable cuirasse inélastique et inextensible. Ses mouvements sont gênés et empreints de raideur marquée. A la palpation, la peau donne la sensation d'un véritable morceau de bois dur et résistant, non dépressible dans les régions atteintes ; ailleurs, sous le ventre, à la face interne des cuisses, vers les ars, la peau a conservé sa souplesse ordinaire.

Le sujet atteint ne présente pas d'autres signes ; les grandes fonctions semblent bien s'exécuter, il n'y a pas de fièvre, mais cependant l'état général n'est jamais bien satisfaisant. On ne voit pas cet épaississement cutané chez les animaux en bon état de graisse.

En terme de commerce, les charcutiers disent que les cochons ont le *lard roulé*. C'est une altération d'observation courante chez les verrats âgés ou récemment castrés.

*Étiologie.* — Cette affection est bien connue aussi chez l'espèce humaine, mais on n'est nullement fixé sur sa nature. Les uns rattachent la sclérodermie à des troubles de la fonction thyroïdienne, quoique cette sclérodermie soit toute différente du myxœdème ; les autres l'attribuent à des altérations des vaisseaux cutanés, d'autres encore à des névrites périphériques s'accompagnant de troubles trophiques : rien n'est précis.

Chez les animaux de l'espèce porcine, Basset indique

qu'il n'y a pas autre chose que de l'hypertrophie du derme sans sclérose réelle, la dénomination de sclérodermie ne serait donc pas justifiée.

Le diagnostic ne présente aucune difficulté.

Puisque, dans ces conditions, il ne s'agirait pas d'une maladie vraie, mais seulement d'une modification cutanée due à l'âge, au sexe, et peut-être aussi aux conditions d'entretien, il n'y a pas lieu d'envisager l'opportunité d'un traitement. Il est acquis cependant que la castration et le séjour dans un milieu à température tiède avec une alimentation abondante, amènent une modification sensible de l'état de la peau, qui progressivement reprend de la souplesse.

# APPAREIL URINAIRE

## Néphrites et pyélonéphrites.

Les affections des reins ne sont que très exceptionnellement reconnues du vivant des malades, parce que les

Fig. 64. — Pyélo-néphrite : jeune truie à imperforation rectale. Cloaque.

symptômes n'en sont pas assez apparents, et parce que les examens et analyses d'urine ne sont pas effectués ;

les conditions économiques d'exploitation ne permettant
pas de pareilles investigations. Et cependant, lors d'abatages
et d'autopsies, on découvre parfois des lésions de néphrite,
de pyélite ou même de pyélo-néphrites.

Les néphrites sont le plus souvent secondaires, consécutives au rouget chronique, à la pneumo-entérite, à
la variole ou à des intoxications variées (arsenic, phosphore, etc.). L'évolution
de néphrites primitives
n'est pas douteuse non
plus comme chez les au-
tres espèces.

La *pyélo-néphrite* est
plus fréquente peut-être,
elle se voit de préférence
chez les truies de repro-
duction. Pour mon
compte, je ne l'ai trouvée
que dans ces conditions,
et j'estime que le plus
souvent, comme chez les
bêtes bovines d'ailleurs,
cette pyélo-néphrite est
d'origine exogène, ascen-
dante, à la suite des
non-délivrances, vaginites
et métrites.

Fig. 65. — Pyélo-néphrite chez la truie.
Mort 6 semaines après un accouchement ayant donné deux mort-nés et
un vivant.

Cette pyélo-néphrite peut être unilatérale ou bilatérale ;
elle peut être due, comme celle des bovidés, à des agents
microbiens variés, coli, paracoli, streptocoques ou staphylocoques. Glasser dit avoir rencontré un agent analogue, au *Corymbacillus renalis* des bovidés (bacille de
Hofflich). Les Allemands pensent que l'infection doit
être d'origine endogène et passe de préférence par la
voie sanguine. Il est très certain que c'est là un mode
d'infection possible, mais les faits cliniques sont cependant
en contradiction avec cette théorie pour la majorité des

cas, puisque c'est chez les femelles, et à la suite d'infections génitales, que ces altérations sont constatées.

J'ai vu aussi la pyélo-néphrite évoluer chez des jeunes truies à malformation congénitale par absence de périnée et présence d'un cloaque, ou par abouchement du rectum dans la partie postérieure du vagin.

Les lésions se traduisent par de l'hypertrophie des bassinets et des reins, l'accumulation dans la cavité des bassinets et des tubes droits d'un magma glaireux, muqueux, jaunâtre ou brunâtre, avec débris épithéliaux abondants. Le tissu du rein est sclérosé, induré, plus ou moins profondément altéré suivant l'ancienneté de l'affection.

Le diagnostic n'est que très exceptionnellement porté du vivant ; les urines sont troubles, glaireuses, parfois brunes ; le pronostic est fort grave.

Il n'y a pas lieu d'envisager l'application d'un traitement quelconque, car il serait sans valeur économique, et il est plus simple de conseiller l'abatage des animaux.

## Hydronéphrose et dégénérescence kystique.

L'hydronéphrose, c'est-à-dire la rétention de l'urine dans les uretères, les bassinets et les tubes urinifères, est une affection fréquente, en moyenne 1 p. 100, chez le porc, plus fréquente sûrement que chez toutes nos autres espèces domestiques. Elle peut être unilatérale ou bilatérale, légère ou très accentuée selon les cas.

Les causes sont variables : coudure des uretères déplacés par la graisse, obstruction partielle ou totale de l'un de ces conduits par un calcul, obstruction inflammatoire au point d'abouchement dans la vessie, etc.

On peut dire, en résumé, que toute cause qui apporte un obstacle à l'écoulement de l'urine au delà de la vessie peut provoquer l'évolution ultérieure d'une lésion d'hydronéphrose. Les manifestations cliniques passent inaperçues ; elles se traduisent très sûrement par des coliques intermittentes, parfois par des débâcles urinaires intermittentes ; aussi on ne les diagnostique pas. Les malades s'entretiennent moins bien qu'à l'état normal, mais les lésions sont des trouvailles d'abattoir.

Ces lésions se traduisent par la dilatation plus ou moins accentuée, parfois extrême, de toute la canalisation urinaire au delà de l'obstacle, de l'atrophie excentrique du tissu rénal sous l'influence de la compression exercée par le liquide. Le rein est parfois transformé en un véritable kyste urinaire ; sa substance n'existe plus ou se trouve réduite à une membrane fibreuse avec vestiges de tissu rénal.

Dans d'autres cas, infiniment plus rares, le rein ou les deux reins présentent une véritable dégénérescence kystique dont l'origine semble dériver d'une oblitération des tubes contournés et l'évolution ultérieure de kystes glomérulaires par rétention. Il s'agit encore d'altérations qui évoluent silencieusement, sans troubles extérieurs, parfois sans troubles apparents de la santé et qui ne se découvrent qu'à l'abatage. Elles n'ont pas d'autre intérêt que l'intérêt scientifique, qui s'attache au mécanisme d'évolution des lésions.

## Lithiase urinaire.

La lithiase urinaire est une affection des animaux adultes, qui peut se constater chez les mâles et chez les femelles, mais qui se voit plus fréquente en certaines régions que dans d'autres. Elle est caractérisée par le dépôt de sable, graviers ou calculs dans les voies urinaires, depuis le bassinet jusqu'à l'urètre chez les femelles, ou jusqu'à la cavité préputiale chez les mâles.

La cause réside dans la teneur exagérée de l'urine en principes minéraux, capables de précipiter dans les voies urinaires (carbonate de chaux, phosphate ammoniaco-magnésien, matières organiques). Le dépôt primitif s'effectue ordinairement autour de matières organiques en suspension, pour donner le sable urinaire ; plus tard, de nouvelles couches concentriques se déposent pour donner des g raviers puis des calculs. Il peut n'y avoir qu'un seul calcul plus ou moins volumineux, ou au contraire des g raviers, nombreux. Ces calculs se forment ordinairement dans la vessie, on peut en trouver dans les bassinets, dans les uretères, dans l'urètre et jusque dans la cavité préputiale ou fourreau.

Les cystites aiguës ou chroniques, les urétrites, les pyélo-néphrites peuvent être le point de départ de la formation accidentelle des calculs urinaires. Le régime alimentaire intensif, la concentration des aliments, la diminution de la quantité des boissons, l'utilisation de certains aliments tels que les châtaignes, favorisent le développement de la lithiase urinaire, qui semble plus fréquente dans les régions montagneuses que dans les régions de plaines.

Les *symptômes* se traduisent par l'apparition brusque de coliques, parfois fort vives, la persistance d'efforts de miction infructueuse, la rétention urinaire absolue ou partielle, l'amaigrissement progressif comme conséquence de l'état douloureux, lorsque le calcul est intra-vésical et que, par ses déplacements, il permet des mictions intermittentes.

Lorsque l'obstruction siège dans le canal de l'urètre et qu'un calcul se trouve arrêté au niveau de la courbure ischiale ou de l'S supérieure, la rétention urinaire peut être absolue, capable d'entraîner la rupture de la vessie et la mort plus ou moins éloignée. Les coliques sont alors continues jusqu'au moment de la rupture vésicale. Les malades sont agités, se couchent, se relèvent, se campent, font des efforts, poussent des cris, se roulent parfois, jusqu'au moment où la rupture se produit.

Lorsqu'il n'existe que des calculs de la cavité préputiale ou du fourreau, il y a toujours coexistence d'acrobustite primitive ou secondaire, leur présence est caractérisée par l'augmentation de volume de la cavité préputiale, par la lenteur de la miction, par une émission lente de l'urine qui ne s'écoule plus à plein jet.

Le diagnostic de la lithiase est possible, tant qu'il n'y a pas rupture de la vessie, les différents symptômes ayant une valeur suffisante pour attirer l'attention du praticien. Même en l'absence de constatation directe de l'emplacement du calcul, ce diagnostic peut également être affirmé par simple déduction. Cruzel a mentionné que l'exploration vésicale par voie rectale (le patient étant placé en plan incliné, le train antérieur surélevé), à l'aide de l'index, permettait parfois de sentir un ou plusieurs calculs vers le col vésical ; que la palpation de la verge et du canal de l'urètre pouvait faire reconnaître le point d'obstruction, sur les sujets maigres, et que l'exploration digitale de la cavité du fourreau permettait enfin de reconnaître la présence de calculs préputiaux.

Le *pronostic* varie, il est bénin pour ce dernier cas, l'évacuation et les lavages alcalins de la cavité du fourreau permettant d'obtenir une guérison immédiate ; il est très grave pour les autres cas.

Le *traitement* curatif de l'obstruction des voies urinaires, au niveau du col vésical, de la courbure ischiale ou de l'S pénienne, ne se pose pas au point de vue économique ; car, à mon avis, la seule indication logique à cet égard est l'abatage.

Cruzel dit cependant avoir tenté et réussi l'urétrotomie ischiale et l'extraction d'un calcul vésical. Pour que cette intervention soit possible économiquement, il faut d'abord que les sujets soient assez maigres pour que l'opération soit matériellement réalisable et qu'ils n'aient que peu de valeur marchande. La première indication est mieux en rapport avec les intérêts de chacun.

# APPAREIL GÉNITAL.

## Des avortements.

De nos différentes femelles domestiques, la truie est
l'une de celles chez laquelle l'avortement est le plus rare.
Les conditions mêmes de son existence, la tranquillité
de sa vie, son isolement dans une loge spéciale, font que
l'avortement accidentel, d'origine traumatique, provoqué
par des chocs, des coups, des heurts, est absolument exceptionnel. Il se pourrait, par contre, qu'il y ait parfois des
avortements d'origine toxique, à la suite de l'ingestion de
graines messicoles contenant de l'ergot de seigle, d'avoine,
d'orge, ou de graminées variées ; de l'ingestion de farines
ou de grains, fortement altérés et moisis ; de la distribution
de résidus industriels falsifiés, tourteaux de coton ou de
lin contenant des graines de ricin ; à la suite de l'ingestion
de tiges, feuilles ou graines variées de plantes ayant des
propriétés emménagogues nettement établies, telles que
celles d'absinthe, de rue, de sabine, etc. Ce sont là des
conditions accidentelles que l'on peut éviter en exerçant
une surveillance suffisante sur la qualité des rations
distribuées.

Il est possible enfin qu'il y ait de l'avortement infectieux ou épizootique chez les truies, car, dans différents
centres d'élevage, en particulier dans l'Allier, on m'a
signalé à de multiples reprises l'avortement chez les vaches
et chez les truies des mêmes exploitations. D'après les
observations, les avortements, infectieux ou non, se
verraient chez les truies dans des conditions un peu spéciales. La durée de la gestation ne serait interrompue que
tardivement, quelques jours ou quelques semaines au

plus avant le terme, ce qui en ferait souvent de véritables accouchements prématurés. Lors des mise bas, les truies seraient beaucoup plus malades que pour la mise bas à terme. Les petits peuvent être expulsés morts, ou vivants, mais avec une vitalité si faible que la majorité des sujets succombent quelques heures après la naissance. Dans certains cas, au cours d'une même mise bas, on pourrait assister à l'expulsion de quelques sujets encore vivants et d'autres déjà morts ; ou bien de fœtus morts sans altérations apparentes, et d'autres déjà notablement altérés. Ce sont là des constatations d'observation assez courante, mais dont les causes ont été d'autant plus mal déterminées qu'il n'est pas exceptionnel, dans des mise bas normales, de voir l'expulsion d'un ou deux mort-nés.

Les conséquences peuvent être très graves pour les mères, lorsqu'il s'agit de véritables avortements ou accouchements prématurés ; bon nombre sont gravement malades ou succombent même par infection, ce qui s'explique d'ailleurs fort bien par les seules constatations faites sur les petits.

Y a-t-il là une maladie comparable à celle connue pour l'espèce bovine ; ou bien des séries d'accidents susceptibles d'être rapportés à des causes d'origine alimentaire ou d'infection banale ? C'est un point qui ne semble pas avoir été élucidé en France, et que des observations plus complètes permettront de préciser.

Ce qu'il faut en retenir, c'est que ces accidents d'avortements et d'expulsion de mort-nés présentent toujours de la gravité chez les truies, et que, lorsqu'il y a des craintes de complications d'infection générale, il faut sans hésiter recourir aux irrigations, lavages génitaux intra-utérins (employer pour les injections des tubes de caoutchouc ou des canules en gutta et un entonnoir) avec des solutions antiseptiques de permanganate de potasse (permanganate de potasse : 1 gramme ; eau tiède : 4 litres), ou à l'emploi des bougies et ovules antiseptiques.

## Accouchements laborieux. — Dystocies.

Les accouchements laborieux et accidents de parturition sont peu nombreux chez les truies, les petits étant généralement d'assez faibles dimensions pour que l'expulsion se fasse sans difficultés. Lorsque des dystocies se présentent, tenant à de mauvaises positions de la tête ou des membres, il est pour ainsi dire toujours possible d'engager la main dans les voies génitales, d'apprécier la nature de l'obstacle, de rectifier la position du jeune sujet et de l'extraire ensuite par tractions modérées. Selon les circonstances, il y a lieu ou non de placer des nœuds coulants avec de la bande ou du bourdonnet sur les membres, pour faciliter l'extraction.

Pour agir sur la tête, c'est plus délicat et il faut pouvoir passer les doigts au niveau de la nuque de chaque côté, pour agir avec efficacité. Lorsqu'on ne peut y arriver, il faut chercher à introduire un doigt dans la bouche, à le passer en crochet derrière le voile du palais vers le fond des cavités nasales : le plus souvent cette emprise donne le résultat cherché. A défaut du doigt, on peut se servir d'une érigne mousse à long manche, dans le même but, ou encore d'un crochet de faible ouverture. Les érignes et les crochets peuvent encore être implantés à la mâchoire inférieure, en arrière du corps du maxillaire inférieur.

Il peut arriver cependant que cette extraction soit impossible par suite d'une déformation du bassin. C'est assez exceptionnel, parce que, aujourd'hui surtout, on ne conserve pour la reproduction que des femelles bien constituées ; mais cependant l'utilisation d'une bête atteinte de rachitisme ou de cachexie osseuse durant les premières semaines ou les premiers mois de son existence devient explicable lorsque, par ignorance, elle est conservée pour la reproduction après guérison. Le bassin peut alors être déformé au point de rendre l'expulsion des petits totalement impossible.

La production des fêlures ou fractures accidentelles du bassin au cours de la gestation peut aussi amener les mêmes conséquences.

Dans ces différents cas, l'appréciation de la nature de l'obstacle à l'accouchement se fait sans trop de difficultés par l'exploration génitale directe. En pareille circonstance, il n'y a pas lieu de songer à des interventions d'embryotomie par les voies naturelles, comme cela se pratique chez nos grandes femelles unipares, jument ou vache : on irait ainsi au-devant d'une impossibilité chirurgicale, par suite même de la multiparité. Ce que l'on ferait pour un premier fœtus devrait être répété pour les autres ; il n'y a pas lieu d'y songer.

Ce qu'il faut faire en pareil cas, c'est l'opération césarienne rapide et l'abatage de la parturiente. N'étant pas malade, ni fiévreuse, la chair peut être utilisée pour la consommation sans le moindre inconvénient, et les petits peuvent être élevés par une autre nourrice, ou artificiellement. C'est la seule indication économique raisonnable.

Il peut arriver enfin, bien que très rarement, que la difficulté d'accouchement tienne à une malformation plus ou moins caractérisée de l'un des fœtus : telle que hydrocéphalie, ascite, monstruosité, etc. Les moyens à mettre en œuvre sont ceux qui sont classiques chez les autres espèces : ponctions, écrasement, embryotomie ; ce sont les circonstances qui commandent au praticien l'intervention de choix.

L'accouchement languissant est d'observation assez commune chez les truies âgées, qui pour des raisons spéciales ont été conservées pour la reproduction. Chez les femelles déprimées, affaiblies, n'ayant que peu d'efforts ou des efforts infructueux, il est indiqué, au cours même de l'accouchement, de distribuer des excitants généraux (café, un à deux verres, eau-de-vie, vin chaud, etc.), dans du lait tiède. Si pareil état de choses peut être prévu, l'administration doit être faite avant l'accouchement ou tout au début. Les sujets conservent d'ordinaire assez d'appétit pour accepter volontiers ces boissons.

Il a de même été signalé des cas de dystocie par torsion utérine, dont le diagnostic est relativement facile par l'exploration directe. Il est bon de savoir à ce sujet que le roulement de la parturiente, dans le sens de la torsion, n'amène qu'assez rarement la détorsion contrairement à ce qui se passe chez la vache et la jument. La suspension par les jarrets est considérée comme la méthode de choix pour obtenir cette détorsion, lorsque le roulement a échoué. Il n'y a pas lieu d'insister outre mesure et si le succès ne couronne pas rapidement les efforts, il faut recourir à l'opération césarienne rapide et l'abatage.

## Accidents de parturition.

Au nombre des accidents *post partum* possibles et d'ailleurs fort peu nombreux, il faut citer les hémorragies, le renversement utérin, l'éclampsie, les septicémies de parturition et les métrites.

### *Renversement utérin.*

Le renversement de l'utérus doit être considéré comme le plus redoutable. Bien qu'il soit fort rare, parce que les cornes utérines sont très flexueuses et les ligaments larges assez solides, il peut cependant se produire sous des influences assez mal déterminées.

L'infection utérine *ante partum*, une sensibilité et une excitabilité réflexes anormales, la production de fissures et déchirures superficielles au cours de l'accouchement, la rétention anormale d'un placenta, semblent être les causes provocatrices du renversement utérin. Le mécanisme de production de cet accident est le même chez toutes les espèces ; le fond d'une corne utérine récemment gravide s'invagine dans sa propre cavité, et, l'irritation qui en résulte déterminant des efforts expulsifs, le fond de la corne utérine retournée franchit le corps de l'utérus, le vagin, vient faire saillie au dehors entre les lèvres de la vulve, formant là une sorte de tumeur de volume variable.

Les deux cornes gravides peuvent se retourner, donnant à la masse l'aspect d'un $\chi$ renversé.

Les symptômes se traduisent par l'apparition, au niveau de la vulve, entre les lèvres, d'une tumeur rosée, rougeâtre, de faibles dimensions d'abord, mais susceptibles d'augmenter si rapidement que bientôt la masse renversée apparaît comme un énorme boudin irrégulièrement. cylindrique plus ou moins plissé transversalement. Le sphincter vulvaire exerçant une certaine constriction, la circulation de retour se trouve considérablement gênée; l'organe renversé devient rouge foncé, violacé, noirâtre, œdémateux friable, et la muqueuse se trouve souillée fatalement au contact des litières, fumiers et purins ; mais elle peut s'excorier, se déchirer ou même se perforer selon les conditions dans lesquelles l'accident se produit.

Le *diagnostic* du renversement utérin ne peut jamais permettre d'hésitation.

Le *pronostic* est toujours fort grave, beaucoup plus grave que chez la vache, mais il varie cependant selon les cas et les complications elles-mêmes qui auront pu se produire à la surface de l'organe renversé. La truie résiste beaucoup moins qu'on ne pourrait le penser aux conséquences de cet accident.

*Traitement.* — Lorsqu'il existe des perforations utérines, ou même des déchirures profondes, on peut dire que le pronostic est fatal.

L'abatage hâtif des animaux est la seule solution économique. Dans les autres cas, il est possible de tenter et d'obtenir la réduction de l'organe renversé, mais il ne faut jamais compter sur la guérison comme règle.

La réduction se pratique suivant les mêmes principes généraux que ceux mis en œuvre chez les femelles des autres espèces.

La patiente est maintenue immobile sur des litières

très propres : l'utérus renversé est soigneusement lavé à l'eau bouillie tiède ou à la solution salée physiologique puis ensuite huilé, s'il y a lieu, avant réduction directe, ou soumis d'abord à une compression régulière (procédé de l'emmaillotement, de la bande d'Esmarch ou du cerclage) destinée à en diminuer le volume pour faciliter la réduction ultérieurement.

Pour la réduction, l'organe est tout d'abord enveloppé dans des linges bouillis ; puis la truie est fortement soulevée du train de derrière ou même presque suspendue par les jarrets jusqu'à ce qu'elle ne repose plus sur le sol que par les genoux, le cou et la tête : et la réduction progressive est alors tentée par l'action combinée des doigts des deux mains. Dans cette position, c'est une intervention sans grandes difficultés, mais, ce qui est délicat, c'est le déplissement de l'organe renversé pour une remise en place parfaite. Dans le but d'y arriver, la truie est remise en position quadrupédale ou couchée latéralement, le train de derrière modérément soulevé avec de la paille ; avec un tube de caoutchouc et un entonnoir, on injecte dans l'utérus quelques litres d'eau bouillie, ou de préférence de décoction mucilagineuse de graines de lin, et on termine par une suture vulvaire comme chez la vache.

Même avec une réduction correctement exécutée, on n'est pas toujours sûr d'obtenir un résultat satisfaisant, car ce que l'on ne peut prévoir, c'est la sensibilité de chaque malade ; la mort peut être la terminaison en six, douze ou vingt-quatre heures, sans que, à l'autopsie, on découvre des lésions suffisantes pour expliquer cette mort.

Lorsqu'il existe des blessures, des perforations ou un renversement ancien, c'est-à-dire datant de plusieurs heures, on a conseillé l'amputation de la partie renversée et la réduction du moignon (amputation par ligature élastique ou par ablation et suture) ; cette intervention peut être couronnée de succès, ce n'est pas fréquent, mieux vaut, à mon avis, lorsque les sujets sont en bon état d'embonpoint, conseiller l'abatage.

### *Hémorragie post partum.*

L'hémorragie *post partum*, quoique peu fréquente, doit être considérée comme l'un des principaux accidents consécutifs aux accouchements chez les truies. Elle résulte soit d'hémorragies en nappes se faisant au niveau du placenta, soit de déchirures qui siègent de préférence dans la région du col. C'est toujours un accident précoce, c'est-à-dire se caractérisant aussitôt l'accouchement ou peu après.

Les symptômes se traduisent par de l'écoulement sanguin au niveau de la vulve, parfois par un écoulement tardif lorsque l'accumulation du sang se fait à l'intérieur de la cavité des cornes utérines sur une bête allongée, immobile sur la litière ; mais, dans ce dernier cas, il y a des signes d'une hémorragie interne (faiblesse extrême, pâleur très grande des muqueuses, accélération du pouls, qui devient filant, etc.).

Le *diagnostic* est généralement assez commode, le *pronostic* grave.

Le *traitement* est celui de toutes les grandes hémorragies. Il consiste dans le massage de l'abdomen pour exciter la rétractilité de l'utérus, l'irrigation intra-utérine avec de l'eau chaude à 40°, ou une solution légère d'antipyrine ; le tamponnement intra-utérin ou intravaginal avec du coton imprégné d'une solution de gélatine à 5 p. 100 ; l'injection sous-cutanée de 30 à 50 centigrammes d'ergotine ; l'injection intraveineuse ou sous-cutanée de sérum physiologique, ou mieux de sérum normal de cheval.

## Éclampsie.

L'*éclampsie* est encore un état morbide exceptionnel, mais possible à la suite du part. Son étiologie a été mal précisée, mais il semble bien, d'après l'analogie des symptômes présentés, qu'il s'agisse de cas d'auto-intoxication gravidique, comparables à ceux observés chez l'espèce humaine. On ne sait si l'albuminurie de gestation en est l'un des signes précurseurs, les analyses d'urine n'étant jamais faites.

Les manifestations cliniques qui la caractérisent apparaissent en effet au voisinage du terme ou très peu après la mise bas, et se traduisent par des signes que l'on a autrefois rattachés à l'épilepsie. Début ordinaire par un grand cri aigu, suivi de véritables convulsions généralisées et désordonnées, au cours desquelles la malade tombe sur le côté, présente des mouvements saccadés de mâchonnement, de la salivation, du pirouettement des yeux, des secousses convulsives des membres, de l'accélération respiratoire (respiration bruyante) et circulatoire, etc.

La crise dure quelques minutes, laisse la malade dans un véritable état d'hébétude, elle peut se reproduire après un temps variable, une demi-heure à quelques heures. La mort peut survenir au cours de l'une de ces crises; elle est presque fatale lorsqu'elles se produisent à intervalle rapproché; elle est moins à redouter si les crises diminuent d'intensité et s'espacent les unes des autres.

Le diagnostic est établi sans difficultés; le pronostic est fort grave.

Le traitement consiste dans une saignée abondante de 250 à 600 grammes, et si possible l'administration dans l'intervalle des crises de boissons lactées tièdes : lait écrémé dilué à discrétion.

Certains propriétaires préfèrent faire sacrifier les malades plutôt que de courir le risque de les perdre.

### Septicémie de parturition, métro-péritonite, métrites.

Les infections génitales *post partum* se voient chez les truies comme chez les femelles des autres espèces ; cependant elles sont fort rares, et je puis avancer que, à la porcherie de l'École vétérinaire d'Alfort, où l'on pratique un élevage très régulier, je n'ai jamais vu de cas graves depuis vingt ans.

A la suite des avortements, des avortements infectieux, des non-délivrances, du renversement de l'utérus, il y a fatalement, peut-on dire, une infection de la muqueuse utérine, mais par des agents microbiens n'ayant ni la même virulence ni les mêmes propriétés pathogènes. Selon la qualité de ces agents, l'infection reste cantonnée à l'épaisseur de la muqueuse pour provoquer une métrite banale, ou gagne toute l'épaisseur de la paroi utérine et atteint le péritoine en provoquant une métro-péritonite ; ou enfin pénètre jusque dans les vaisseaux pour provoquer l'évolution d'une septicémie.

Dans bien des circonstances, le vétérinaire n'est pas consulté pour ces deux dernières modalités d'infection qui évoluent avec rapidité, et il n'intervient que pour la troisième, la métrite banale qui est la moins grave.

Les symptômes de ces états morbides se traduisent immédiatement ou le lendemain de l'accouchement ou de l'avortement par de la tristesse, de l'abattement, de la prostration, de la perte d'appétit, ordinairement de la constipation, souvent de la fièvre ; mais l'élévation de température n'est pas toujours un signe constant, en particulier dans les colibacilloses et paracolibacilloses, de la diminution ou de la disparition de la sécrétion lactée, de l'apparition d'un écoulement lochial fétide plus ou moins apparent, de la tuméfaction des lèvres vulvaires, de l'infiltration des parois du vagin, etc.

Dans les septicémies de parturition, il n'y a pas autre chose : les truies résistent peu et la mort survient en quelques jours.

Dans la métro-péritonite avec péritonite généralisée, le tableau symptomatologique est identique. Dans les cas où la localisation du processus infectieux et inflammatoire reste limitée aux fossettes péritonéales du détroit pelvien, l'évolution est moins rapide, dure ordinairement une huitaine ou une dizaine de jours, mais se termine encore, règle générale, par la mort.

Aux manifestations cliniques précédentes, s'ajoutent du péritonisme, une sorte de ballonnement du ventre, malgré l'inappétence et l'amaigrissement, souvent de l'épanchement péritonéal ascitique.

Enfin, dans les cas de métrite aiguë simple, les grands symptômes précédents sont moins caractérisés, l'abattement moins profond, l'inappétence moins accentuée ; mais les signes locaux sont plus prononcés, et il existe ordinairement, au moment de la miction ou de la défécation, un écoulement lochial gris roussâtre ou purulent et fétide.

Le diagnostic de ces différentes formes d'infection exige un examen attentif.

Le pronostic est fort grave, fatal généralement dans es septicémies et métro-péritonites, moins grave dans les métrites.

Le traitement comporte comme indication constante :

1° La désinfection locale intra-utérine par des irrigations chaudes à 40° à l'eau bouillie, l'eau salée, aux solutions iodées à 1 gramme d'iode pour 2 litres d'eau, de permanganate à 1 gramme pour 2 à 3 litres d'eau, etc. ;

2° La désinfection générale par injection intraveineuse de 10 à 20 centigrammes de collargol en solution dans 20 centigrammes d'eau distillée, dans les cas de septicémie et de métro-péritonite ;

3° La pratique des injections sous-cutanées ou intra-veineuses de sérum artificiel chaud ou frais, selon les circonstances, 125 à 250 centimètres cubes.

4° Le drainage intra-utérin avec une mèche de gaze iodoformée ou salolée dans les cas de métrite simple ; ou encore l'emploi d'ovules ou bougies antiseptiques. La vie des patientes étant en principe très compromise, il ne faut pas hésiter à employer les moyens énergiques.


### Mammites.

La truie est exposée à contracter plusieurs formes de mammites, qui sont : la mammite aiguë banale comparable à celle de l'espèce bovine, une forme spéciale de mammite contagieuse dite enzootique, la mammite tuberculeuse et la mammite actinomycosique.

*Mammite aiguë*. — La mammite aiguë est assez commune, et les causes qui en provoquent l'apparition : congestion intense, rétention laiteuse, traumatismes, etc., favorisant l'infection, se retrouvent ici comme chez les autres espèces. Très fréquemment avant l'accouchement ou au moment même de l'accouchement, les truies bonnes laitières se présentent avec des mamelles turgides, tendues, douloureuses, toutes prêtes à s'enflammer si l'on ne prend aucune précaution. Il suffit le plus ordinairement, dans ces cas, de pratiquer quelques onctions huileuses, qui agissent à la façon de véritables cataplasmes, pour diminuer l'état de tension des tissus, faire disparaître la douleur et favoriser l'établissement de la sécrétion lactée ; la mammite est évitée.

Lorsque des précautions de cette nature ne sont pas prises, et parfois malgré elles, à la faveur d'infections qui se font au contact des litières et qui n'ont pas encore fait l'objet de recherches spéciales, une ou plusieurs mammites se déclarent; ou, si l'on aime mieux, le processus inflammatoire et infectieux atteint une ou plusieurs glandes, exceptionnellement l'ensemble.

La glande intéressée est congestionnée, plus volumineuse que les voisines, rouge, chaude, dure, tendue, douloureuse au toucher. La sécrétion est abolie ou se montre avec des caractères anormaux : lait jaunâtre, grumeleux, séreux ou gris rougeâtre. La nature des germes d'infection n'a pas été établie avec précision, mais tout fait penser qu'ils sont de même origine que pour l'espèce bovine.

La malade cherche à se soustraire à l'action de succion qui est douloureuse et, d'autre part, les porcelets abandonnent spontanément le mamelon malade. Lorsque plusieurs glandes sont atteintes, il est parfois indispensable d'enlever ces porcelets et de les confier à une autre nourrice, ou d'en faire l'élevage artificiel.

La terminaison des mammites banales se fait par résolution, suppuration ou gangrène.

La résolution s'annonce par l'atténuation des symptômes

douloureux, la réapparition de l'appétit et la gaîté ; elle est assez fréquente sous l'action de soins médicaux élémentaires.

La suppuration se caractérise assez tardivement, après huit à quinze jours selon les cas. Elle est décelée par l'augmentation progressive de volume de l'organe atteint, l'augmentation de la douleur, l'apparition d'une teinte rouge violacée de la peau en un point déterminé, puis enfin de la fluctuation. L'abcédation peut être spontanée si l'on n'intervient pas.

Enfin on a cité la terminaison par gangrène, laquelle s'annonce par un état très alarmant de la malade, l'apparition de phlyctènes et de marbrures violacées ou verdâtres à la surface de la peau, la formation d'un sphacèle qui en se délimitant laisse exhaler une odeur caractéristique.

Le *diagnostic* est commode à établir, il y aurait grand intérêt à le compléter par des recherches sur la nature et les qualités pathogènes des agents d'infection.

Le *pronostic* est toujours grave, moins cependant lorsqu'il n'y a qu'une ou deux glandes d'atteintes, beaucoup plus lorsqu'une série se trouve frappée. La vie des porcelets est rapidement compromise, il y a lieu d'aviser aussitôt à un moyen d'élevage particulier. Dans les complications de suppuration et de gangrène, ce pronostic est encore plus sombre.

Le *traitement* ne diffère pas de celui appliqué contre les mammites aiguës chez la vache : applications de pommades antiseptiques et émollientes iodo-iodurées, camphrées, belladonées, à l'extrait de ciguë et de belladone, etc. Plus commodément que chez la vache, il est possible tout au début d'appliquer de larges cataplasmes maintenus par une sangle.

Dans les cas de suppuration, l'ouverture hâtive des abcès et les soins antiseptiques ultérieurs sont de toute nécessité à tous points de vue, pour obtenir un résultat favorable.

Dans les cas de gangrène nettement en évolution ou confirmée, il n'y a pas à hésiter à faire l'ablation des glandes atteintes. C'est une opération qui s'impose en raison des complications ultérieures possibles d'infection générale et de septicémie, à moins que la délimitation ne se fasse correctement et que l'état général ne soit pas trop inquiétant.

### Mammite enzootique des truies.

On a décrit en Italie une mammite enzootique des truies.

Cette mammite est parfois si étendue et les indurations mammaires si accentuées qu'il y a presque immobilisation du thorax.

Manfredi pense que ces mammites se rattachent à une septicémie de parturition ou fièvre puerpérale. Il conseille les injections sous-cutanées d'eau salée physiologique.

Fabretti estime, par contre, qu'elles n'ont rien à voir avec les septicémies de parturition et conseille les cautérisations en pointes fines et les injections phéniquées à 3 p. 100.

Ce qu'il y a de sûr, c'est que l'origine en paraît mal déterminée; des recherches sont à faire à cet égard, un traitement rationnel ne pouvant être établi qu'en connaissance de cause.

### Mammite tuberculeuse.

La mammite tuberculeuse peut être constatée chez les truies nourrices, comme chez les vaches. Elle n'est signalée que rarement, et je ne l'ai vue que trois ou quatre fois pour mon compte, comme manifestation secondaire d'une tuberculose viscérale grave.

Je ne connais pas de cas de tuberculose mammaire primitive chez la truie ; d'où il résulte que l'infection par le bacille tuberculeux est très généralement, sinon exclusivement, d'origine hématogène. La mammite tuberculeuse apparaît cliniquement à l'occasion d'une période de lactation, parfois avant la mise bas, dans d'autres cas dès la mise en activité physiologique des glandes mammaires. Dans les cas que j'ai pu suivre, toutes les glandes étaient atteintes, augmentées de volume, indurées, peu sensibles, de consistance granuleuse ou pierreuse, sans inflammation ou infiltration œdémateuse du tissu conjonctif sous-cutané ; la sécrétion lactaire étant suspendue, la vie des petits porcelets doublement compromise, si l'on n'avise aussitôt à un autre moyen d'élevage.

Les malades sont en mauvais état, l'appétit est disparu, la fièvre est constante, continue, assez élevée ; les signes de la tuberculose viscérale peuvent être soupçonnés.

Le *diagnostic* soupçonné par les caractères mêmes des mamelles malades, certain après réaction positive à l'intra-dermo-tuberculinisation, peut être affirmé d'un autre côté par l'examen bactériologique du lait, par celui des produits de harponnage, etc.

Le *pronostic* est fatal.

*Traitement.* — Il n'y a pas lieu d'envisager la question du traitement si le diagnostic tuberculose est confirmé. Il n'y a dès lors qu'à élever les porcelets artificiellement, à recommander l'abatage des malades, la désinfection des locaux, et même la tuberculinisation d'épreuve de tous les habitants de la porcherie.

### Mammite actinomycosique.

Le champignon de l'actinomycose peut se développer, cela est acquis, chez la plupart de nos animaux domestiques. Chez l'espèce porcine, les lésions d'actinomycose se développent de préférence au niveau des plaies de castration, à la suite de l'infection accidentelle des plaies au contact des litières. C'est ainsi que l'on peut rencontrer des funiculites actinomycosiques chez les mâles castrés, des infections actinomycosiques péritonéales et viscérales abdominales variées, à la faveur des plaies de castration chez les femelles.

Au niveau des mamelles, les infections se produisent vraisemblablement à la faveur d'éraillures, d'écorchures ou de blessures accidentelles des mamelons, soit par les dents des porcelets au cours des tétées, soit par tout autre mécanisme. La pénétration de l'infection mycosique par les sinus galactophores n'est peut-être pas inadmissible non plus, le développement du champignon parasite se faisant ensuite dans le tissu des glandes mammaires et dans le tissu sous-cutané.

Une ou plusieurs glandes peuvent être atteintes; la règle est toutefois de ne pas constater l'envahissement de la totalité des mamelles, comme dans la tuberculose.

Cliniquement, la modalité inflammatoire réactionnelle se traduit par l'augmentation de volume de la glande, l'induration étendue, parfois globale, de l'organe touché, l'épaississement de la peau, l'infiltration scléreuse ou lardacée du tissu conjonctif sous-cutané. L'inoculation venant de l'extérieur, il existe très fréquemment, une ou plusieurs ulcérations cutanées, avec bourgeonnement exubérant, suppuration faible, fétide et repoussante. Les malades conservent par ailleurs les [apparences de la santé et l'appétit.

Le *diagnostic* n'est pas très difficile. D'après les signes cliniques, la différenciation d'avec les mammites banales ou les mammites tuberculeuses s'impose d'elle-même.

Le *pronostic* est fort grave, mais non fatal.

Le *traitement* est celui qui est considéré comme spécifique, ou à peu près, pour l'actinomycose des tissus mous : l'administration de l'iodure de potassium à l'intérieur, aux doses de 5 à 8 grammes par jour dans les rations. Il a un inconvénient grave, celui de provoquer de l'amaigrissement momentané, mais on ne peut choisir. L'extirpation chirurgicale des glandes et mamelons atteints est une autre solution, permettant d'engraisser les animaux et d'en tirer ultérieurement parti sans inconvénients et sans danger pour la santé humaine.

La désinfection des locaux occupés par les malades est obligatoire en fin de traitement.

# MALADIES INFECTIEUSES.

Le groupe des maladies infectieuses contagieuses comprend, pour l'espèce porcine, en première ligne la série des affections classées autrefois sous le qualificatif de *maladies rouges*, et en seconde ligne une autre série moins importante au point de vue économique, mais fort intéressante néanmoins : variole, fièvre aphteuse, fièvre charbonneuse, tuberculose et infection purulente.

## DES MALADIES ROUGES

Un certain nombre d'affections particulièrement graves se traduisent chez le porc par l'apparition de plaques rouges à la peau. C'est la seule raison qui faisait dire autrefois, lorsqu'un animal présentait ce symptôme, qu'il avait « la maladie rouge ». Mais ce signe n'avait par lui-même rien de significatif en ce qui concernait la nature intime de l'état de maladie ; ce n'est qu'avec le temps et des études prolongées que l'on est arrivé à établir une distinction et une classification parmi les affections qui provoquent ainsi des congestions cutanées intenses. Quatre affections principales ont ainsi été dissociées dans le groupe des maladies rouges : le rouget du porc, la peste porcine, la pneumonie contagieuse et l'entérite infectieuse contagieuse.

Mais il faut ajouter que les plaques rouges à la peau se voient aussi dans d'autres états morbides connus, en particulier dans les congestions généralisées avec asphyxie simple, dans la variole du porc, dans l'érisypèle, etc.

### Rouget du porc.
#### (Rothlauf.)

On désigne sous le nom de *rouget du porc* une maladie

générale *septicémique* provoquée par un bacille spécial, dit bacille du rouget.

Le *rouget* est la maladie contagieuse, la plus anciennement connue pour l'espèce porcine; il importe de déclarer que nombre d'autres affections étaient autrefois confondues avec lui jusqu'au jour où, en 1882, Pasteur et Thuillier

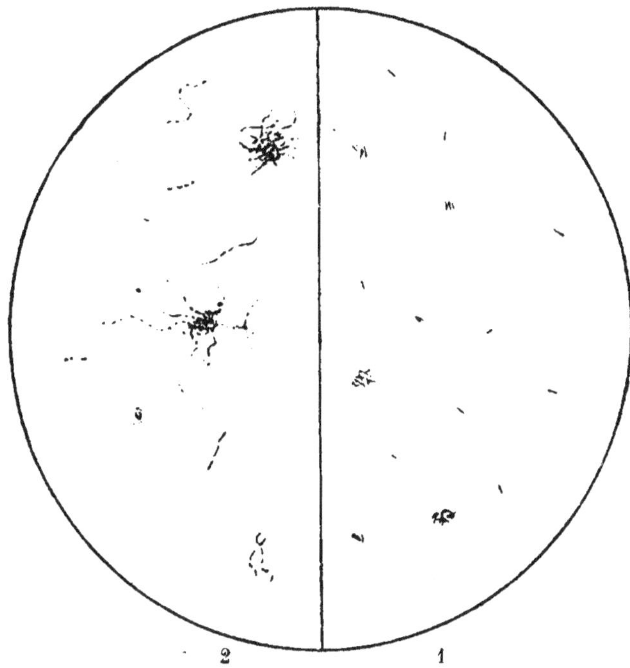

Fig. 66. — Rouget du porc. — Aspects du bacille du rouget dans une culture (1) et dans les lésions d'endocardite végétante (2).

démontrèrent qu'elle était provoquée par un agent microbien particulier, désigné sous le nom de *bacille du rouget*.

Elle est inoculable, propre à l'espèce porcine seulement, et correspond à une véritable septicémie, le bacille se développant et se multipliant dans le sang, mais se montrant aussi capable de faire des localisations viscérales, en particulier sur le cœur, les reins, les ganglions.

12.

Le bacille du rouget est extrêmement fin et ténu, il a de 1 μ à 1 μ,5 de long, se cultive facilement en bouillon à 37° en donnant un trouble uniforme ; sur gélose, il donne de petites colonies isolées du volume d'une tête d'épingle ; sur gélatine en piqûres, il donne de petites arborisations. Il ne cultive pas sur pomme de terre. Il est aérobie et anaérobie, pathogène pour le lapin (injection sous-cutanée, mort en quatre à six jours) et surtout le pigeon (injection sous-cutanée, mort en deux à quatre jours). Le cobaye se montre réfractaire à l'inoculation.

L'injection sous-cutanée de culture pure au cochon le tue en six à dix jours, les passages successifs augmentent la virulence.

Langrand (1912) a signalé des variations morphologiques du bacille du rouget à l'intérieur de l'organisme du porc, il mentionne que ce bacille est trouvé à la surface des méninges (face cranienne de la dure-mère) sous l'aspect filamenteux (8 à 12 μ), le même d'ailleurs que celui qu'il prend dans les cultures en bouillon-sérum. Les inoculations de cette forme filamenteuse méningée donneraient les résultats connus chez les animaux d'expériences et ramèneraient à la forme bacillaire type. Sur les cadavres, les bacilles deviennent granuleux, après deux à trois jours, mais resteraient virulents durant dix à douze jours.

Le bacille du rouget est tué en quelques minutes à 55°-58°.

*Symptômes*. — La dénomination de rouget appliquée à la maladie est parfaitement justifiée, parce qu'en effet la caractéristique objective la plus nette est représentée, au point de vue symptomatologique, par l'apparition à la peau de taches rouges, d'étendue, d'intensité, de teinte et de répartition assez variables. Ces taches rouges ne se voient bien naturellement que sur les sujets blancs à peau dépigmentée ; sur les sujets de robe noire, pie noire (races berkshire, croisés berkshire, limousine, etc.), ou rouge et pie-rouge (race Tamworth et ses produits de croisements), l'appréciation des altérations cutanées est beaucoup plus difficile.

Cette caractéristique de plaques cutanées rouges n'est cependant pas pathognomonique. Certaines autres affections graves du porc peuvent, quoique plus exceptionnellement, provoquer l'apparition de taches rouges à la peau (urticaire, peste porcine, intoxications, pneumonie contagieuse, etc.); c'est infiniment plus rare, alors que c'est la règle dans le rouget. De même, il peut arriver aussi, puisqu'il n'y a pas de règle sans exception, qu'il y ait des cas de rouget sans plaques rouges cutanées (rouget blanc).

C'est exclusivement dans les formes suraiguës, à marche presque foudroyante, dans lesquelles la mort arrive en quelques heures, que ce dernier fait est enregistré ; les taches rouges n'ont pas le temps de se produire, ou n'apparaissent qu'après la mort. Il en est de même dans les cas chroniques à allure très lente.

Les taches à la peau débutent d'abord vers les extrémités, aux oreilles, vers le groin, puis en différents autres points de la surface du corps, sur le dos, à la poitrine, vers l'abdomen, en dedans des cuisses, etc. ; elles sont tout d'abord rosées, caractérisant une simple congestion locale du derme, puis la teinte devient plus sombre, rouge franc, rouge brun, rouge violacé, rouge noirâtre, suivant l'intensité des troubles circulatoires et le temps écoulé depuis le début.

Les plaques sont plus souvent à bords rectilignes que circulaires. Leur réunion peut délimiter de vastes surfaces.

Avant de présenter ces plaques, les malades atteints de rouget montrent d'ailleurs d'autres troubles se traduisant par de la somnolence, de la perte d'appétit, de la tristesse, de l'abattement, parfois de la prostration complète. Ils ne grognent plus au moment de la distribution des aliments, se déplacent à peine et sans hâte vers les augets, parfois restent indifférents, allongés, le nez enfoui dans la litière, insensibles à tout ce qui se passe autour d'eux. La température est toujours au-dessus de la normale, la respiration accélérée, dyspnéique ou asphyxique selon le stade plus ou moins avancé de l'affection.

Après l'éruption cutanée, il semble y avoir parfois amélioration. Les formes cliniques sont les suivantes :

*Forme suraiguë.* — L'évolution est fort variable comme durée ; dans les formes rapides, la mort se produit en douze à vingt-quatre heures, du soir au lendemain, et c'est dans ces cas que les plaques rouges font défaut ou n'apparaissent parfois qu'après la mort.

*Forme aiguë.* — Dans la forme ordinaire, forme aiguë, la maladie dure plusieurs jours, ce n'est qu'au bout de vingt-quatre à quarante-huit heures que se manifestent les congestions locales cutanées qui président à l'évolution des plaques rouges ; la mort arrive après trois, quatre ou huit jours. Les malades ont dès le début une fièvre intense, 41°-42° ; ils perdent l'appétit et la gaîté, présentent de la diarrhée, parfois de la faiblesse du train postérieur des troubles respiratoires qui sont dus à de l'œdème pulmonaire, et une teinte cyanosée des muqueuses.

La mort s'annonce par une chute brusque de température, ordinairement le troisième ou le quatrième jour ; le malade peut être alors presque totalement rouge ; la guérison est rare.

Elle s'annonce par l'atténuation progressive de tous les signes, la disparition des taches, le retour de l'appétit, etc. Les malades peuvent alors présenter du suintement au niveau des plaques, des croûtes et des nécroses cutanées plus ou moins étendues ; ou bien le passage à la forme chronique.

*Formes chroniques.* — Il peut enfin y avoir de véritables formes chroniques, fort difficiles à diagnostiquer, assez fréquentes chez les animaux de trois à quatre mois, et pour lesquelles on commet souvent des erreurs de diagnostic ; les plaques cutanées ne sont pas ou à peine caractérisées, l'appétit est conservé en partie, les malades paraissent essoufflés, anhélants, et c'est tout. Ils peuvent ainsi vivre des semaines et même des mois, s'entretenant mal, et finissent ou par guérir cliniquement et par s'engraisser, ou par mourir.

La mort subite n'est pas une exception ; elle est généralement provoquée par une syncope cardiaque, les lésions d'endocardite valvulaire auriculo-ventriculaire se montrant parfois extraordinairement accusées, et provoquant des troubles circulatoires en relation avec leur gravité.

D'autres meurent cachectiques avec des épanchements dans le thorax et l'abdomen.

Il en est enfin qui font de véritables rechutes, de nouvelles poussées subaiguës et montrent quelques plaques rouges sur les oreilles et le cou.

On a de plus rapporté au rouget chronique des cas mal définis, dans lesquels il se produit une véritable dermatite pouvant se compliquer d'eczéma, de chute des soies, de nécroses locales, de chute de la queue, de déformations articulaires, etc. Glasser décrit trois formes de rouget chronique : la nécrose cutanée, l'endocardite oblitérante, l'arthrite déformante (genoux, jarrets, etc.).

*Étiologie.* — Le rouget du porc existe à peu près partout où on fait de l'élevage du porc ; en France, il sévit plus spécialement dans le centre et la région du Plateau central. Il frappe de préférence les adultes et sujets de cinq à six mois. Il est provoqué par un microbe particulier, bien étudié par Pasteur et Thuillier en 1882-1883, puis par Lœffler en 1885, et par nombre d'auteurs depuis cette époque, c'est le bacille du rouget. Ce bacille vit à l'état saprophyte dans le milieu extérieur ; on peut même le trouver dans les voies digestives de porcs bien portants, et il semble qu'il soit nécessaire que certains sujets soient en état de prédisposition spéciale pour qu'il acquière de la virulence (Olt, Jensen, Kitt).

Par contre, lorsqu'un premier cas de rouget s'est produit dans une exploitation, l'agent virulent est réparti et disséminé partout par les excréments ou les urines des malades, et pour qui connaît les habitudes toutes spéciales des animaux de l'espèce porcine, il est facile de comprendre comment ensuite les autres sujets s'infectent, car c'est à peu près exclusivement par les voies digestives que s'effectue la contagion naturelle en fouillant les litières et les fumiers. La dissémination dans le voisinage se fait par des moyens multiples : purins, fumiers, déjections de malades mis en liberté, déplacements de ces malades, etc., etc.

Les animaux dits «porteurs de bacilles», c'est-à-dire ceux qui hébergent le bacille du rouget dans leur intestin sans en être incommodés, peuvent à un moment en rester les victimes lorsque des circonstances affaiblissent leur résistance naturelle (refroidissement, misère générale, intoxication légère, etc.). Ces animaux à infection latente peuvent aussi, tout naturellement devenir des foyers de contage sans qu'on s'en doute.

Expérimentalement, l'évolution de la maladie peut être obtenue par administration de matières virulentes (viscères d'un malade ou cultures) avec les aliments, et par injection intraveineuse de cultures.

Dans l'intestin, l'agent microbien, comme la plupart des microbes pathogènes, passe dans les voies sanguines et les voies lymphatiques, se multiplie dans les ganglions et envahit tout l'appareil circulatoire, réalisant dès lors une septicémie de gravité variable. On le trouve dans tous les viscères, foie, rate, reins ; il provoque fréquemment par localisation microbienne des lésions d'endocardite valvulaire auriculo-ventriculaire infectée et infectante, des thromboses vasculaires capillaires périphériques au niveau des plaques cutanées, etc.

Le microbe du rouget se conserve fort bien dans les milieux humides et obscurs, dans les terrains mouillés, dans l'eau; il est facilement détruit par la chaleur à 50-52° en un quart d'heure à une demi-heure; il est rapidement détruit à la lumière et résiste peu à la dessiccation, ce qui explique pourquoi les enzooties de rouget sont surtout des enzooties de porcheries et non des enzooties sur des sujets élevés au dehors en pâture.

Le rouget ne frappe qu'assez rarement les jeunes animaux. C'est seulement à partir de trois à quatre mois que les sujets d'élevage semblent devenir plus réceptifs. Les influences saisonnières, les chaleurs élevées de l'été, la mauvaise qualité de la nourriture, les fatigues occasionnées par les déplacements et les transports favorisent largement son évolution.

Les races améliorées sont plus sensibles que les races primitives. Les infestations parasitaires, dont le développement détermine toujours des érosions intestinales, favorisent l'éclosion du rouget.

*Lésions.* — Les lésions des formes aiguës du rouget du porc sont celles des septicémies en général. Le système capillaire périphérique est en vaso-dilatation, gorgé de sang; le tissu conjonctif sous-cutané et le lard sont comme légèrement teintés en rose pâle, rouge brun, avec des thromboses et des hémorragies interstitielles au niveau des plaques rouges cutanées. Tous les viscères paraissent congestionnés, foie et reins en particulier, assez souvent avec de petites hémorragies interstitielles formant un piqueté très net; la rate est plus volumineuse qu'à l'état normal, mollasse, parfois bosselée. Les poumons congestionnés renferment assez souvent des spumosités de teinte rosée dans leurs bronches ; les ganglions lymphatiques sont œdémateux et hémorragiques, rouge-noirâtres sur la coupe.

Il y a fréquemment un peu de gastro-entérite et aussi d'inflammation dans la région de l'iléon.

Les muscles portent parfois des taches hémorragiques, et la viande peut être légèrement poisseuse au toucher.

Les séreuses, plèvres, péricarde et péritoine peuvent renfermer une certaine quantité d'exsudat. Le sang est noir mais rougit et se coagule au contact de l'air. Les bacilles du rouget sont cependant rares dans le sang, englobés dans les leucocytes, quoiqu'ils puissent produire de véritables embolies capillaires dans les petits vaisseaux périphériques ; ils sont très nombreux dans les frottis de rate, reins, ganglions lymphatiques et moelle osseuse.

Si les animaux ont été abattus hâtivement, on ne trouve

presque rien à l'œil nu; il faut les recherches bactériologiques.

Le cœur est fréquemment touché, et surtout dans les formes lentes, il est très fréquent de noter de l'endocardite valvulaire auriculo-ventriculaire avec dépôts fibrineux abondants, chargés de bacilles du rouget, capables de provoquer une oblitération presque complète des orifices de communication entre les oreillettes et les ventricules. Le cœur gauche est plus souvent ou plus gravement atteint que le cœur droit.

Les épanchements dans les séreuses (plèvres, péritoine, péricarde) sont assez fréquents dans ces formes chroniques.

On a cité enfin la possibilité des nécroses cutanées au niveau des plaques congestives.

*Diagnostic.* — Le diagnostic du rouget n'est pas toujours commode à préciser, car s'il se manifeste, surtout sous forme d'enzooties de porcherie, la présence de taches rouges cutanées n'apporte que des probabilités et non pas une certitude. Dans l'urticaire, l'érysipèle, l'asphyxie progressive des sujets gras, et certaines intoxications, ces mêmes plaques congestives cutanées se voient aussi sans infection par le bacille du rouget. Ce n'est que l'examen bactériologique de la pulpe des viscères envahis qui donne une certitude, ou encore mieux dans les cas de doutes, l'inoculation expérimentale des produits recueillis sur des cadavres frais, non altérés.

L'inoculation de pulpe ganglionnaire, de pulpe de rate, de reins (couche corticale) ou de foie, broyée et délayée dans de l'eau stérile provoque la mort d'un pigeon (inoculation dans les muscles pectoraux), en trois à cinq jours, alors que la même inoculation reste sans effets mortels chez le cobaye. L'examen bactériologique des frottis de pulpe de reins, du pigeon, confirme le diagnostic, les morts dues à d'autres causes dans les mêmes délais étant exceptionnelles.

Le lapin est tué en 5 à 6 ljours, le porc en 6 à 10 jours.

Cliniquement, pour les formes à marche rapide, la confusion est possible avec la peste porcine, quoique la localisation des taches cutanées et leur aspect ne soient pas tout à fait les mêmes; avec les coups de chaleur si fréquents en été sur les sujets transportés vers les marchés dans des wagons mal aménagés ; avec l'érysipèle, que beaucoup ne considèrent que comme une forme spéciale du rouget. La confusion avec la pneumonie contagieuse et la variole porcine est plus difficile.

Le diagnostic des formes chroniques, avec ou sans endocardite végétante, est extrêmement difficile, car fort souvent il n'y a pas de plaques rouges, seulement de l'amaigrissement, un mauvais aspect général, de la toux parfois et de l'essoufflement comme s'il y avait pneumonie contagieuse à allure lente, broncho-pneumonie vermineuse ou autre état pathologique du poumon.

*Pronostic.* — Le pronostic est fort grave. Dans la forme rapide dite septicémique, la mortalité atteint 60 à 90 p. 100 en France, d'après Nocard et Leclainche. Elle varie de 50 à 85 p. 100 en Allemagne et en Autriche, d'après Friedberger et Fröhner, Lydtin, Hutyra et Marek.

La forme chronique ne provoque pas de morts aussi brutales, mais les malades porteurs de lésions cardiaques et d'insuffisance aortique restent essoufflés, toussent, s'alimentent mal, durant des jours ou des semaines, puis s'éteignent lentement ou subitement selon les cas, et parfois sans avoir présenté de taches extérieures capables mêmes de faire soupçonner le rouget. Le pronostic est souvent fatal, mais à échéance plus ou moins longue, d'ordinaire les animaux sont sacrifiés avant que l'on ait précisé le diagnostic.

*Traitement.* — Les différentes médications thérapeutiques tentées restent sans effets sur l'évolution du rouget déclaré, aussi ne s'adresse-t-on plus aujourd'hui qu'à la médication spécifique, laquelle a subi depuis l'origine des modifications et des perfectionnements qu'il serait trop long de rapporter en détail. Cette médication comprend aujourd'hui trois pratiques : la vaccination, la séro-vaccination et l'emploi du sérum spécifique (sérumisation).

*Vaccination préventive.* — La vaccination, c'est-à-dire l'inoculation de virus atténués, a été découverte dès 1883 par Pasteur et Thuillier, qui réalisaient l'atténuation de la virulence du microbe très simplement par le vieillissement des cultures, ou par des passages successifs sur le lapin, lequel, tout en étant très réceptif, redonnait un bacille du rouget moins pathogène pour le cochon.

Cette méthode, qui donnait de bons résultats lorsqu'on vaccinait des sujets indemnes, exigeait deux vaccinations successives; mais présentait de nombreux aléas et de gros dangers lorsqu'il s'agissait de vacciner des animaux contaminés ou en infection latente dans les milieux où il s'était produit de la mortalité.

Elle était difficilement applicable sur les sujets de races sélectionnées et donnait une mortalité pouvant s'élever à 10 p. 100.

Lorenz en Allemagne (1892-1897) démontra la possibilité de vaccination par l'intermédiaire de cultures en bouillon, atténuées; puis la possibilité d'immunisation passive, de courte durée, par du sérum d'animaux (lapins) préalablement vaccinés ou ayant résisté à la maladie naturelle, et la possibilité de leur conférer ensuite une immunité de longue durée par l'injection consécutive de virus actifs.

Leclainche, en France (1898) a perfectionné la méthode Lorenz en utilisant le cheval pour l'obtention d'un sérum, non seulement préventif, mais encore curatif; et c'est lui qui a démontré la valeur de la séro-vaccination.

L'intervention contre le rouget ne comprend plus aujourd'hui de vaccination pure et simple d'emblée, qui expose à différents ennuis, mais seulement la pratique de la séro-vaccination, suivie de la vaccination (avec virus non atténué) et la pratique des injections de sérum préventif et curatif.

Dans la vaccination par simple mesure de précaution, on fait du prémier coup la séro-vaccination (suivant les règles indiquées par les auteurs), c'est-à-dire l'inoculation d'un mélange de sérum et de virus pleinement actif. Le sérum étant préventif et neutralisant du virus, il en résulte à la fois une vaccination passive par le sérum et un début de vaccination active par le virus atténué par le sérum. Cela correspond, en somme, à ce que l'on faisait autrefois dans la vaccination simple avec un premier virus fortement atténué, mais avec plus de certitude d'éviter des accidents.

Une seconde vaccination vraie avec virus fort ou pleinement actif est effectuée dix à quinze jours après.

*Sérumisation, séro-vaccination.* — Dans les cas où il y a eu de la mortalité par rouget dans une porcherie, on procède autrement, pour éviter les accidents qui pourraient résulter de l'intervention sur les sujets contaminés, ou en puissance latente du bacille du rouget. On fait d'abord l'emploi du sérum préventif et curatif, puis ensuite, plus tard, la séro-vaccination et la vaccination. C'est un peu complexe, mais c'est une pratique indispensable pour donner toute sécurité.

L'injection de sérum donne une immunité passive temporaire de huit à quinze jours qui arrête l'évolution de tous les accidents chez les sujets qui sont en incubation de rouget. Elle peut même amener la guérison de sujets déjà atteints de rouget et gravement compromis. Pendant la durée d'action du sérum, on pratique ensuite la séro-vaccination, puis la vaccination, et la porcherie est dès lors à l'abri des pertes par rouget.

Sand, en Danemark, recommande la séro-vaccination avec un extrait de bacilles au lieu de culture virulente ; selon lui, cela suffirait et serait inoffensif.

Le temps n'a pas encore affermi de façon sûre cette opinion.

En résumé, l'intervention dans les cas de rouget se limite aux prescriptions suivantes :

1º Contre le rouget déclaré et pour le traitement des malades, emploi du sérum curatif, 10 à 30 centimètres cubes ou plus ; si l'intervention est pratiquée au début, la guérison peut être obtenue. Si l'intervention est tardive, alors qu'il y a déjà des lésions irrémédiables ou que les animaux sont presque mourants, les résultats sont moins heureux;

2° Pour les animaux contaminés dans une porcherie où des malades sont morts, injection préventive de sérum d'abord (sérumisation), et vaccination ensuite;

3° A titre préventif et pour des animaux non contaminés, séro-vaccination d'emblée.

*Contagion à l'homme.* — La contagion à l'homme ne fait plus de doutes et ne se discute plus, car elle a été constatée nombre de fois sur des bouchers, charcutiers et vétérinaires, à la suite de blessures accidentelles avec inoculation consécutive dans les opérations d'autopsie, d'habillage des cadavres, ou à la suite d'inoculations involontaires au cours des vaccinations.

Le rouget chez l'homme se traduit par de la fièvre plus ou moins violente selon les cas, par l'apparition de rougeurs cutanées avec douleurs lancinantes dans le voisinage des points d'inoculation, l'apparition de douleurs articulaires et d'un état de courbature plus ou moins manifeste. En Allemagne, on a même rapporté, en 1905, un cas de mort rapide d'un vétérinaire à la suite d'accidents de cette nature rapportés au rouget.

L'injection du sérum curatif a fait ses preuves contre le rouget de l'homme, ce qui est une donnée qu'il ne faut pas oublier.

*Inspection sanitaire des Viandes.* — Dans les cas où des animaux sont abattus d'urgence, in extremis, il se peut que, de bonne foi, des viandes à rouget soient mises en vente. Elles se reconnaissent aux taches rouges cutanées, à la teinte légèrement rosée du lard et de la panne, à l'aspect hémorragique des ganglions, et parfois à la présence de petites taches hémorragiques dans les muscles. La certitude d'existence du rouget ne peut être affirmée qu'après découverte du bacille pathogène. La salaison et le fumage ne faisant pas disparaître la virulence durant de longues semaines, les règlements sanitaires imposent la saisie totale (Art. 42, loi du 21 Juin 1898).

En Allemagne, ces viandes sont acceptées, mais on impose la stérilisation. .

## Peste porcine.

*(Choléra du porc. — Hog-choléra, Schweinepesl, Swine-fever).*

La peste porcine est une maladie contagieuse due à un agent inconnu, invisible au microscope, classé dans la catégorie des microbes filtrants. C'est, après la fièvre aphteuse, l'affection la plus contagieuse que l'on connaisse pour l'espèce porcine. La différenciation de cette affection est d'ailleurs de date relativement récente; elle était englobée autrefois dans la maladie dite pneumo-entérite infectieuse, et confondue le plus souvent avec l'entérite infectieuse (forme intestinale de la pneumo-entérite). Ce n'est que depuis les recherches des pathologistes américains, de Schweinitz, Dorset et Bolton (1897-1904) qu'elle est considérée comme une entité morbide bien distincte.

Mais la maladie était bien plus anciennement connue, et dès 1885, Salmon et Smith l'avaient d'abord rapportée au bacillus suipestifer.

Tous les tissus de l'économie renferment le virus; les filtrats de dilutions de sang, d'urine et de bile, peuvent transmettre l'affection; il en résulte que, dans les exploitations, tous les locaux se trouvent facilement et forcément infectés par les déjections, les produits de sécrétions diverses, les urines, etc.

Les Allemands, et Glasser en particulier, estiment que, à côté du virus filtrant, d'autres agents microbiens interviennent au cours de l'évolution de la maladie (B. suisepticus, B. pyocyanique, streptocoques, coli, etc.) pour l'évolution de lésions secondaires.

L'infection se fait par voie digestive; expérimentalement, il suffit de faire ingérer des viscères ou tissus infectés à des sujets réceptifs pour voir la maladie évoluer. L'injection sous-cutanée de filtrats est encore plus sûre que l'ingestion, il ne se produit pas de lésion locale.

Le virus est très résistant, il n'est tué à 70°. qu'au bout d'une heure, à 60° au bout de vingt-quatre heures seulement, il peut supporter la dessiccation durant trois jours.

La peste porcine est une maladie spéciale à l'espèce porcine ; tous les autres animaux de ferme et les animaux de laboratoire sont réfractaires ; chez les sujets de l'espèce porcine eux-mêmes, ce sont les jeunes qui sont surtout exposés ; les adultes sont non pas réfractaires, mais beaucoup plus résistants.

La nature du virus est inconnue. De nombreux auteurs ont émis l'hypothèse de l'action d'un spirochète. Bekensky (1916) conclut de ses recherches à cet égard, que des spirochètes sont trouvés dans les voies digestives des cochons pesteux dans presque tous les cas, et que vraisemblablement ils jouent un rôle dans l'évolution des complications de la maladie. Lutje a signalé l'existence de granulations basophiles spéciales dans les globules rouges, et Glässer dans les globules blancs (coloration au Giemsa).

L'incubation naturelle est de une à deux semaines, en moyenne de 8 à 10 jours.

La peste porcine semble devoir être considérée chez nous surtout comme une maladie d'importation, et bien qu'elle ait été signalée, en 1907, par MM. Vallée et Leclainche comme cantonnée dans quelques foyers disséminés sur le territoire français, elle n'a pas pris depuis lors de caractère envahissant réel.

C'est chez nous une maladie de porcherie et non de localités.

A l'étranger, aux États-Unis, en particulier, elle a fait d'énormes ravages, ainsi qu'en Hongrie, en Allemagne, en Hollande et même en Angleterre. C'est ainsi que, en Allemagne, en 1911 (d'après Hutyra et Marek), 5 787 domaines furent contaminés, donnant le chiffre élevé de 63 239 cas de mort.

Il faut dire toutefois que la peste porcine pure, sans lésions ou affections surajoutées, est assez exceptionnelle, le plus fréquemment, elle se trouve associée à la pneumonie contagieuse provoquée par le *B. suisepticus*, à l'entérite infectieuse due au *B. suipestifer*, ou même aux deux à la fois, ce qui justifie le complexus pathologique décrit par les enseignants d'Autriche-Hongrie et d'Allemagne.

Étiologie. — L'infection naturelle semble devoir se faire par l'appareil digestif, par suite même des mœurs et des habitudes des sujets de l'espèce porcine qui, en fouillant les litières et les fumiers infectés par les urines, les excréments, le jetage des malades, se contagionnent ainsi aisément.

Les échanges commerciaux, si rapides et si étendus aujourd'hui, contribuent aussi à la dissémination de l'affection. Les sujets atteints de préférence sont ceux âgés de six semaines à trois mois, les adultes sont rarement atteints; les jeunes nouveau-nés peuvent eux-mêmes avoir une certaine immunité héréditaire, laquelle, d'après Reynolds, leur serait transmise par la mère et durerait en moyenne cinq à six semaines.

La peste porcine serait presque inséparable de l'entérite infectieuse, l'agent de cette dernière, le *B. suipestifer* étant un hôte normal de l'intestin grêle du porc (8,4 p. 100 d'après Uhlenhuth), qui ne prendrait de la virulence et une activité pathogène que chez les sujets à résistance affaiblie sous l'action du virus filtrant de la peste (45 p. 100 chez les pesteux).

*Symptômes.* — Les symptômes sont très semblables à ceux de l'entérite infectieuse, il est impossible cliniquement d'en établir la distinction. D'ailleurs, les deux affections étant fréquemment superposées, la distinction est entièrement basée sur l'expérimentation. Cependant il est admis que la peste peut avoir un caractère rapidement envahissant, tandis que l'entérite infectieuse a, au contraire, tendance à se cantonner et à se manifester sous forme d'enzooties de porcheries.

Le signe dominant est la diarrhée, diarrhée alimentaire au début, puis séreuse, profuse, striée de sang et très fétide. Ces troubles intestinaux coïncident avec de la perte d'appétit, de la fièvre 40-41°5, de la tristesse profonde, de l'abattement dû à l'infection générale et à l'épuisement rapide sous l'influence du flux diarrhéique. Comme dans l'entérite diarrhéique, la rapidité d'évolution peut être très différente selon les cas ; parfois la mort se produit alors que les animaux avaient à peine paru malades : d'autres fois, au contraire, l'affection est moins rapide, dure plusieurs jours avant d'amener la mort, et enfin dans d'autres cas, elle traîne en longueur.

Il y a en somme une *forme suraiguë* ou foudroyante, une *forme aiguë* ordinaire et une *forme chronique*.

La mortalité est toujours très élevée ; elle peut atteindre jusqu'à 90 p. 100 de l'effectif des porcelets dans les porcheries récemment infectées ; dans celles anciennement atteintes, elle descend assez souvent à 10 ou 30 p. 100, avec des formes chroniques plus nombreuses.

Les conditions climatériques, les conditions d'hygiène, d'entretien général et d'alimentation influent énormément sur la gravité et la facilité de dissémination. Dans les exploitations bien dirigées, là où les sujets sont confortablement installés, là aussi où ils reçoivent une alimentation saine, bien cuite, stérilisée par la cuisson, et distribuée tiède, il est exceptionnel de voir des ravages importants. Lorsque, au contraire, avec des porcheries en apparence bien installées, mais très humides avec les constructions en ciment, ou mal protégées contre les froids de l'hiver il se produit quelques cas dans l'exploitation, tout de suite l'affection prend une extension et une gravité exceptionnelles, les cas de mort se chiffrant par plusieurs unités tous les jours.

Les manifestations pulmonaires, par complications de pneumonie à B. suisepticus sont assez fréquentes, mais non constantes ; d'ordinaire alors les signes digestifs sont atténués.

Des crises épileptiformes s'enregistrent assez souvent au début de la forme aiguë, sans autres troubles apparents.

Du côté de la peau, il peut se produire un exanthème à caractères d'éruption variolique au début ; ou bien l'évolution de pustules des dimensions d'une lentille qui se dessèche en quelques jours, donnent des croûtes noirâtres qui

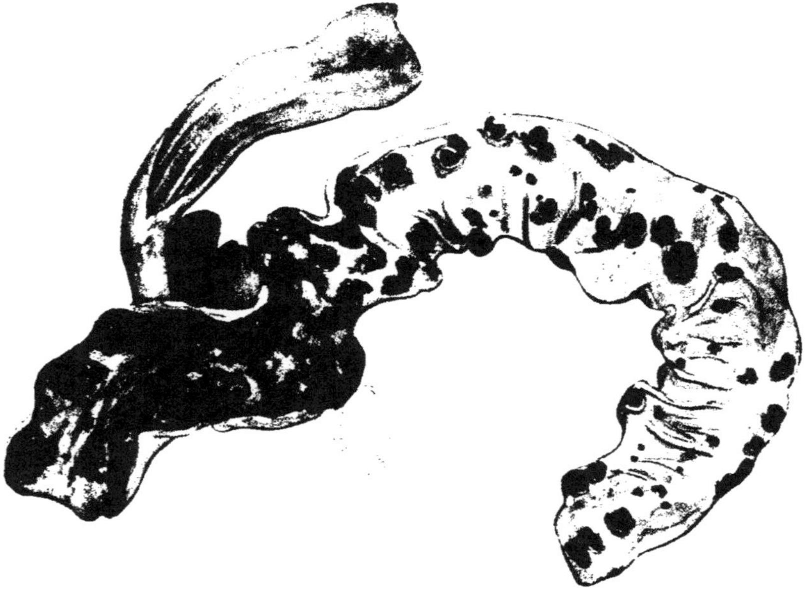

LÉSIONS GRAVES DE LA RÉGION ILÉO-CÆCALE DANS LA PESTE PORCINE.
Ulcérations coli-cæcales, ganglions hémorragiques.

se cicatrisent régulièrement ou laissent de petites plaies ulcéreuses.

*Lésions.* — Les lésions de la peste porcine vraie et simple, c'est-à-dire sans complications, sont celles des septicémies hémorragiques, caractérisées par des congestions viscérales, des arborisations capillaires sur les séreuses splanchniques, l'engorgement et l'aspect hémorragique des ganglions lymphatiques, la présence de suffusions sanguines dans les tissus, sous l'endocarde, dans les reins, la coloration rouge foncé du tissu spongieux des os.

Lorsque l'évolution est lente, que la mort n'arrive pas subitement, le tube intestinal paraît légèrement œdématié, la muqueuse de l'estomac et de l'intestin se montrant de teinte rouge, avec par places des plaques de fausses membranes fibrino-albumineuses.

Sur le cadavre, certaines lésions et localisations de lésions peuvent faire présumer un diagnostic avec un maximum de probabilités. Dans la peste, les lésions sont ordinairement localisées à l'iléon, au cæcum et au gros intestin. Elles se présentent sous forme d'ulcérations limitées en nombre ayant des dimensions d'une pièce de 50 centimes à celle d'une pièce de 2 francs ou plus, sans autres altérations de voisinage. Elles siègent au niveau des organes lymphoïdes de l'intestin. Ces ulcères sont ordinairement recouverts d'une exsudat fibrineux jaunâtre assez adhérent, tranchant nettement sur les tissus du pourtour.

Les ganglions mésentériques peuvent être enflammés, hémorragiques ou parfois dégénérés et caséeux, dans les formes chroniques. — Les poumons peuvent présenter des lésions de pneumonie simple ou de pneumonie caséeuse.

*Diagnostic.* — Le diagnostic clinique est toujours fort délicat, et peut-on dire presque toujours dubitatif lorsqu'il s'agit de peste. S'il est assez facile, en effet, de reconnaître le rouget et la pneumonie contagieuse par le simple examen des malades, la séparation des deux autres affections, peste et entérite infectieuse, ne peut être établie sûrement que dans les laboratoires de recherches.

13.

Basset a insisté sur la nécessité qu'il y avait à bien faire la distinction entre les ulcérations spécifiques de la peste ou les altérations de l'entérite infectieuse, et de petite lésions ulcératives simples et banales, *non recouvertes d'exsudats*, qui existent très fréquemment au voisinage de la valvule iléo-cæcale, même chez les sujets très bien portants. Elles seraient dues à de simples actions mécaniques.

Le diagnostic **précis ne peut** être établi en somme que par une expérience de **transmission à un** porcelet sain (ingestion ou **injection** sous-cutanée d'un filtrat.

*Pronostic.* — Le pronostic est extrêmement grave, et si, en France, les ravages de la peste porcine vraie sont d'importance **médiocre**, les pertes subies en Amérique **du** Nord, en Autriche-Hongrie, en Allemagne et en Angleterre se chiffrent par des sommes énormes.

*Traitement.* — De multiples recherches ont été entreprises à l'étranger pour combattre la peste porcine, mais il ne semble pas jusqu'ici que les résultats soient fort avantageux.

Aux États-Unis, on a cherché à faire un sérum antipesteux en se servant de sujets guéris naturellement, que l'on soumettait ensuite à des injections de sang virulent. Le sérum fourni par ces sujets, d'après Dorset (1909), serait capable de donner une protection de quinze jours à trois semaines ; et il serait possible de mettre cette durée d'immunité passive à profit pour faire une vaccination.

Dans la pratique, l'intervention se limite à : 1º l'injection de sérum immunisant, 20 centimètres cubes d'un côté du corps, et 2º l'injection de sang virulent sur une autre partie du corps. Le danger de cette pratique ne serait pas grand et les avantages réels.

D'après Hutyra (1909), la sérothérapie, basée sur l'emploi du sérum d'animaux guéris, abaisse la mortalité de 30 à 40 p. 100, mais l'injection sous-cutanée de sérums et de sang infectant, comme méthode de vaccination, exposerait à de sérieux mécomptes.

Pour Ostertag (1909), le sérum des animaux guéris n'aurait qu'une efficacité douteuse, et pour Stockman enfin (1909), les méthodes de vaccination n'auraient qu'assez peu de valeur.

La pratique américaine pour la production du sérum antipesteux [injections successives et progressivement croissantes de sang pesteux virulent (jusqu'à 1 000 ou 1 200 centimètres cubes), à des porcs de 60 à 100 kilogrammes]; saignée trois à quatre semaines après (sang défibriné centrifugé), et l'injection de doses variant de 20 à 40 centimètres cubes, suivant la taille, n'ont donné que des résultats douteux en Hongrie. Néanmoins, en Allemagne, on utilise le sérum antipesteux de Uhlenhuth, à la dose de 10 à 50 centimètres cubes suivant la taille, les injections étant répétées toutes les trois ou quatre semaines durant l'épizootie.

D'où il résulte en résumé que nos moyens d'intervention sont peu efficaces, et qu'il y a lieu, lorsque la maladie est soupçonnée ou reconnue, de pratiquer un isolement extrêmement rigoureux des malades et des contaminés, la désinfection parfaite des locaux infectés, la destruction des cadavres des sujets morts.

On a préconisé l'abatage des malades et des contaminés, il ne pourrait être ordonné officiellement que s'il y avait indemnisation légale, ce qui serait sans nul doute grandement onéreux pour les finances de l'État, sans grand bénéfice au point de vue sanitaire et au point de vue de l'intérêt général. Et comme, d'autre part, il semble cependant que le sérum des sujets guéris peut avoir une légère efficacité, il y a là peut-être un moyen à perfectionner et dont il ne faut pas se priver. L'application du traitement de l'entérite infectieuse (pages 215-216) est aussi à essayer.

## Pneumonie contagieuse du porc.

*[Septicémie hémorragique ; pasteurellose porcine*
*(Swineplague), (Schweineseuche).]*

Dans l'ancienne conception que l'on se faisait de la pneumo-entérite infectieuse des porcelets, on admettait deux formes d'une même maladie : la forme intestinale, que l'on désigne aujourd'hui sous le nom d'entérite infectieuse, et la forme pulmonaire à laquelle on réserve le nom de pneumonie contagieuse.

En réalité, l'entérite infectieuse et la pneumonie contagieuse peuvent se trouver superposées sur le même malade,

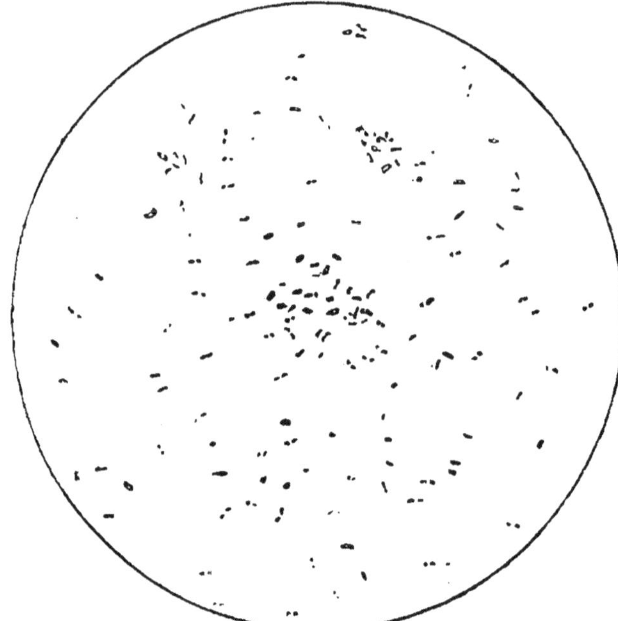

Fig. 67. — *Bacillus suisepticus.*
Bactérie de la pneumonie contagieuse.

*mais bien plus souvent elles se montrent séparément,* en France tout au moins. Elles peuvent même être superposées à la peste.

La pneumonie contagieuse ne sévit pas d'ailleurs seulement chez les porcelets comme l'entérite infectieuse, mais aussi sur des sujets de quatre à six mois et plus. La localisation pulmonaire, n'est dans la conception, actuelle de la maladie, qu'une localisation d'une infection générale causée par une bactérie ovoïde ou cocco-bacille, signalé dès 1885 par Löffler comme se trouvant dans tous les organes des malades, et particulièrement dans les organes lymphoïdes : de là le nom de septicémie hémorragique, de pasteurellose porcine, etc.

Cette bactérie est le *Bacillus suiseplicus*, *Pasteurella* de Lignières, bactérie à espace clair, de 1,5 à 2 $\mu$ de long sur 0,8 à 1 $\mu$ de large, ne prenant pas le Gram. Elle se cultive facilement. Elle reste immobile en donnant une odeur très spéciale sur les différents milieux ; ne cultive pas sur pommes de terre ; ne liquéfie pas la gélatine ; donne des colonies nacrées transparentes sur gélose et gélatine.

Cette bactérie est peu résistante aux antiseptiques, elle est tuée en 15 secondes à 70°. Elle est virulente pour le lapin et le cobaye, qui sont tués en 1 à 3 jours.

Mais les bactériologistes qui se sont le plus spécialement occupés de cette question ont établi, d'autre part, que la bactérie ovoïde, — *cocco-bacille*, *Pasteurella* ou *Bacillus suiseplicus*, — de la septicémie hémorragique ou pneumonie contagieuse, était un microbe normal des voies respiratoires chez le cochon sain, un microbe vivant aussi en saprophyte dans le milieu extérieur (Ostertag). Et c'est depuis lors qu'il semble avoir été admis que cette bactérie, que l'on pourrait presque qualifier de banale, vivant en saprophyte chez des sujets sains, ne devenait dangereuse, n'augmentait de virulence pour arriver à être pathogène, que lorsque l'organisme était mis en état de moindre résistance sous une influence quelconque : infections variées, intoxications, etc.

C'est ce qui expliquerait très facilement alors pourquoi la septicémie hémorragique, ou pneumonie du porc, se rencontrerait superposée à la peste porcine ou à l'entérite infectieuse, ces dernières représentant des infections primitives, la pneumonie n'arrivant que comme infection secondaire.

Il est sûr qu'un assez grand nombre de faits peuvent être expliqués de cette façon ; mais il est non moins certain que cela ne correspond pas, à beaucoup près, à la totalité des observations qui peuvent être enregistrées dans la pratique de tous les jours ; de l'inconnu subsiste.

Souvent, très souvent, j'ai vu la pneumonie contagieuse du porc exister seule dans les établissements d'élevage, en dehors de toute atteinte de peste et d'entérite infectieuse ; elle se propage sous forme de pneumonie, revêt à peu près toujours la même allure et amène les mêmes accidents. Elle peut persister durant des mois et des mois dans les grandes porcheries qui en sont une première fois atteintes, et il est certain qu'elle évolue alors comme infection primitive, sans la nécessité d'aucune autre cause nettement favorisante, qu'elle s'entretient et se dissémine par le seul fait de la promiscuité ou de la cohabitation.

Son allure est toujours enzootique, jamais épizootique, mais il suffit de l'introduction d'un seul malade atteint dans une exploitation indemne pour implanter la maladie dans cette exploitation et l'y fixer pour une durée qui n'a de limites que l'importance des précautions prophylactiques qui sont mises en action.

Elle cultive sur place, si l'on peut s'exprimer ainsi, l'infection du milieu et de toutes les dépendances avoisinantes se trouvant facilement réalisées, puisqu'il s'agit d'un agent pouvant vivre en saprophyte dans le milieu contaminé. Et comme ce milieu se trouve réensemencé en permanence par les expectorations et excreta rejetés par les malades, il en résulte que l'infection des sujets sains est pour ainsi dire fatale. Cette infection se fait par les voies respiratoire et surtout digestive.

Le froid, la fatigue, le séjour dans des porcheries humides, la mauvaise alimentation, les troubles digestifs, etc., favorisent son éclosion.

Les tentatives d'infection par injection sous-cutanée de cultures, ou par ingestion directe, ne réussissent généralement pas; par contre, les infections par voie trachéale, sanguine, péritonéale, etc., donnent des résultats positifs, avec complications plus ou moins rapides selon les quantités injectées.

*Symptômes.* — La maladie peut frapper les différents sujets sous trois formes distinctes : une forme suraiguë ou

PNEUMONIE CONTAGIEUSE.
Aspect rouge dans la forme aiguë.

septicémique, qui évolue en vingt-quatre ou quarante-huit heures, sans localisations nettes de pneumonie ; une forme aiguë qui dure de huit à quinze jours, au cours de laquelle des localisations très nettes de pneumonie s'établissent ; enfin une forme chronique à marche lente, durant des semaines, avec localisations pulmonaires encore.

Dans la *forme suraiguë*, il se peut que la mort arrive avant que l'on se soit aperçu de l'état de maladie des sujets. Dans d'autres cas, ils présentent de l'inappétence, de l'abattement, de la prostration, une fièvre élevée, 40 à 41°, quelquefois des convulsions, des plaques rouges à la peau dans les derniers moments, et la mort se produit par septicémie sans localisations, en 1 à 2 jours.

Dans la *forme aiguë*, la plus fréquente, les malades perdent encore partiellement l'appétit, restent tristes et abattus, sont fiévreux, mangent encore cependant, mais offrent comme signe dominant de l'essoufflement permanent. La respiration est difficile, accélérée, plus tard pénible et bruyante, s'accompagnant de toux quinteuse.

Le nombre de ces respirations s'élève facilement à 50 et 60 à la minute ; d'une façon continue, les malades battent du flanc, suivant l'expression populaire.

Durant les accès de toux, il se produit un jetage blanc jaunâtre sale, assez épais, modérément adhérent aux orifices des narines ; mais ce caractère n'est pas constant, il ne se produit que lorsqu'il existe des lésions étendues des poumons. Après une huitaine de jours d'ordinaire, les malades perdent définitivement l'appétit et succombent comme asphyxiés, avec ou sans convulsions, très souvent aussi sans taches rouges à la peau franchement caractérisées. A ce moment d'ailleurs, la peau est devenue sale, gris terreux, les soies sont ternes, révélant au simple aspect du malade un état grave de l'organisme.

Dans la *forme chronique*, les sujets sont moins gravement atteints dès le début ; ils ont encore la respiration accélérée, de la fièvre modérée, mais l'appétit est assez bien conservé. La toux est moins fréquente, toujours quinteuse, le plus généralement sans jetage apparent. Assez fréquemment, il se produit comme une sorte d'eczéma avec localisation au niveau des points où la peau est fine.

Les malades ont mauvais aspect, la peau a perdu sa teinte claire rosée; les soies n'ont plus leur brillant, toute la surface du corps a un aspect sale gris terreux qui ne s'explique ni par les conditions d'entretien ni par la qualité de la nourriture distribuée.

La caractéristique de cette forme est la persistance de l'accélération respiratoire et de la toux, le mauvais état général, malgré une bonne alimentation.

Si les formes aiguë et chronique sont greffées sur la peste ou l'entérite infectieuse, ou si elles se compliquent elles-mêmes d'entérite, le tableau clinique se trouve naturellement plus complexe, la déchéance organique est aussi beaucoup plus rapide.

La mortalité est toujours fort élevée ; la mort est de règle dans les formes suraiguës et aiguës, assez fréquente aussi dans les formes chroniques, qui peuvent présenter à un moment donné une poussée aiguë ; mais cependant le nombre des survies est assez élevé dans ces formes chroniques.

Toutefois, les malades ne représentent que des valeurs économiques bien faibles; ils ne se développent pas ou très mal, l'alimentation est dépensée en pure perte. Quelques-uns cependant, après des semaines, peuvent reprendre leur accroissement régulier, la toux diminue, la respiration reprend son rythme normal, et avec ces modifications le développement redevient régulier.

*Diagnostic.* — Le diagnostic de la pneumonie contagieuse du porc est assez difficile à établir sur le vivant, lorsqu'il s'agit de premiers cas dans une exploitation jusque-là indemne. Lorsque, au contraire, l'affection sévit depuis un certain temps, et qu'il s'agit de cas de contagion, ce diagnostic ne présente plus de difficultés. Ce n'est d'ailleurs que pour les formes aiguë et chronique qu'il peut y avoir hésitation.

La pneumonie contagieuse, sur le vivant, peut être confondue avec la broncho-pneumonie vermineuse, qui fait aussi de nombreuses victimes dans les élevages, principalement parmi les jeunes sujets ; puis avec la tuberculose. L'examen des excréments pour la recherche des œufs de parasites, l'épreuve à la tuberculine par intradermo-réaction permettent de préciser ce diagnostic, et d'éliminer les deux affections sus-indiquées.

Sur le cadavre, la différenciation devient beaucoup plus commode, parce que les lésions de la tuberculose et de la broncho-pneumonie vermineuse ne ressemblent pas à celles de la broncho-pneumonie contagieuse.

Cependant, comme il semble admis aujourd'hui que la peste porcine peut à elle seule provoquer des complications de pneumonie, il y aura lieu de rechercher par le microscope et au besoin par les inoculations à établir un diagnostic différentiel précis.

Hutyra indique qu'il y a lieu encore de distinguer la pneumonie contagieuse du porc, de la pneumonie infectieuse chronique des porcelets, qui d'après lui serait une simple broncho-pneumonie catarrhale banale, analogue à la pneumonie catarrhale des veaux et des agneaux. Il est certain que chez les veaux, en particulier, il y a des broncho-pneumonies banales, vulgaires et des broncho-pneumonies contagieuses ; la délimitation en ce qui concerne les formes chez l'espèce porcine n'est pas encore nettement établie.

*Lésions.* — Dans les *formes suraiguës*, avec septicémie d'emblée, il n'y a pour ainsi dire pas de lésions caractéristiques, puisque ce sont celles des septicémies à marche rapide : congestion de tous les viscères, arborisations capillaires sur les grandes séreuses pleurale, péricardique et péritonéale ; dilatation marquée de tout le réseau capillaire conjonctif sous-cutané et interstitiel, etc. ; plaques rouges à la peau assez mal délimitées.

Dans le rouget, les mêmes altérations générales se retrouvent, et il n'y a que le microscope et l'expérimentation qui permettent la différenciation.

Dans la *forme aiguë*, les localisations pulmonaires ont un aspect très spécial. Les bronches sont remplies de spumosités parfois teintées en rose ; les poumons sont très irrégulièrement hépatisés, offrant des teintes rouge violacé, rouge vif ou rouge grisâtre, selon l'ancienneté de l'affection, avec démarcation très nette d'avec le tissu sain. Les lobes antérieur, moyen et postérieur sont généralement atteints, mais de façon très inégale.

Dans les *formes chroniques*, les lésions de bronchopneumonie sont plus limitées, toujours plus grisâtres, parce que plus anciennes, quelquefois en voie de disparition avec un certain caractère œdémateux. Les lésions de pleurésie et de péricardite adhésives, par extension des lésions pulmonaires sont fréquentes.

Dans les formes très chroniques, les foyers de pneumonie peuvent s'encapsuler dans une sorte d'enveloppe fibreuse.

A l'examen bactériologique, on découvre le *B. suisepticus* ; mais dans les formes chroniques, on y rencontre aussi quantité d'autres agents accidentels, des streptocoques, staphylocoques, coli, du *pyogenes suis*, du bacille pyocyanique, etc., capables de causer des lésions spéciales secondaires.

*Pronostic.* — Le pronostic de la pneumonie contagieuse est extrêmement grave, non seulement parce que la mortalité est très élevée, 70 à 80 p. 100, chez les malades, mais surtout parce qu'il s'agit d'une affection qui se transmet avec facilité, et dont il est fort difficile de débarrasser une exploitation à effectif nombreux.

Il n'existe ni méthode de vaccination sûre ni traitement curatif certain.

*Traitement.* — *Prophylaxie.* — Dans une exploitation de quelque importance, la première indication à remplir est évidemment d'éviter la contagion, et pour cela, il n'y a d'autre moyen que d'isoler rigoureusement tous les malades, puis de désinfecter très soigneusement toute la porcherie. Ces précautions ne sont pas toujours suffisantes, il arrive de voir se reproduire de nouveaux cas au bout d'un certain temps, alors que l'on croyait l'affection éteinte. Il se peut

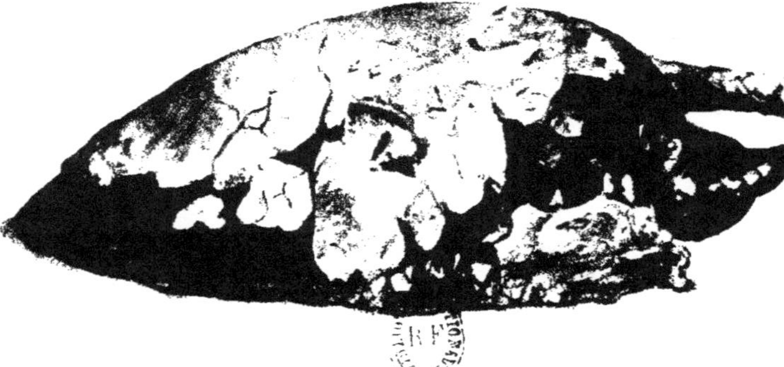

ASPECT DES LÉSIONS DU POUMON DANS LA PNEUMONIE CONTAGIEUSE.

même que l'on se trouve dans l'obligation de cesser l'élevage ou l'engraissement durant quelques mois, pour enrayer les pertes successives qui menacent l'exploitation.

Lorsque, parmi les malades, modérément atteints de formes lentes, il existe des animaux de cinq à six mois, déjà en assez bon état d'embonpoint, il est plus économique de les faire sacrifier prématurément que de vouloir les traiter.

Les traitements médicamenteux contre les formes déclarées de pneumonie contagieuse sont d'une efficacité très douteuse, d'ailleurs chacun sait combien il est difficile de droguer des sujets de l'espèce porcine.

Dans différentes circonstances, j'ai cru cependant retirer de bons effets de l'emploi de la créosote de hêtre à la dose quotidienne de 1 à 5 grammes par jour, selon la taille et le poids des malades, en émulsion dans du lait, et mélangée aux rations.

En Allemagne, on préconise et on utilise une méthode de vaccination à peu près analogue à la séro-vaccination recommandée contre le rouget :

1° Injection de sérum contre la pneumonie contagieuse, laquelle confère une immunité passive de courte durée, mais qui permet peu après de pratiquer la vaccination avec virus actif, pour donner définitivement une immunité active.

2° Cette vaccination vraie comprend :

*a.* La séro-vaccination directe (mélange de sérum anti et de virus) comme premier vaccin, et quinze jours après, l'inoculation de virus actif seul comme second vaccin.

*b.* Lorsque la maladie existe dans une exploitation et que l'on veut tenter le traitement des malades, on utilise le sérum seul, aux doses de 10 à 30 centimètres cubes.

Ces traitements sont fort coûteux, leur efficacité est très fortement mise en doute par tous ceux qui ont eu l'occasion de les essayer chez nous, et j'estime que la conduite indiquée précédemment est, jusqu'à ce jour, plus conforme aux intérêts bien compris des éleveurs.

## Entérite infectieuse.

*(Salmonellose. — Typhus et paratyphus du porc.)*
*Bazilläre Schweinepest, peste porcine bacillaire.*

L'une des maladies qui se trouvaient autrefois englobées
dans l'état pathologique complexe que l'on désignait sous
le nom de *pneumo-entérite infectieuse*, est celle que l'on
désigne actuellement sous le qualificatif plus simple d'entérite infectieuse.

C'est en somme la forme intestinale de l'ancienne
pneumo-entérite.

C'est l'une des maladies les plus fréquentes chez les porcelets ; elle sévit de l'époque du sevrage à l'âge de quatre à
cinq mois et se montre beaucoup plus rare à une époque
plus avancée.

*Pathogénie.* — Elle est provoquée par un bacille spécial anciennement désigné sous le nom de B. suipestifer,
puis de bacille de Salmon ou *Salmonella*, de B. typhi suis
et de B. paratyphi suis.

Glasser, qui avec Damman, a le plus contribué à faire
de cette maladie une entité, pense qu'il y a une distinction
entre B. typhi suis et B. paratyphi suis, mais la plupart des
auteurs en font avec Basset un paratyphique.

Il vit en saprophyte dans le milieu extérieur, dans les
eaux en particulier, et il peut se rencontrer dans les
mêmes conditions jusque dans les voies digestives des
porcelets. Mais sous l'influence d'une cause accidentelle :
mauvaise alimentation, mauvaise hygiène, mauvaises conditions de milieu, indigestion, irritation digestive par des
aliments de mauvaise qualité, intoxications légères, etc.,
la défense organique faiblit, l'agent en question prend de
la virulence, se multiplie à profusion, devient pathogène,
et l'entérite infectieuse est réalisée.

Le B. paratyphi se cultive bien sur les différents milieux
de culture ordinairement employés, pousse sur pomme
de terre, coagule le lait, donne sur gélose des colonies

bleutées qui deviennent blanches en vieillissant. Il se
colore bien par les couleurs d'aniline, ne prend pas le gram.

Il est pathogène pour le cobaye, mort en trois à cinq jours,
pour le pigeon (inoculation intra-musculaire) mort en
vingt-quatre heures, chez le lapin. Le porcelet est facilement

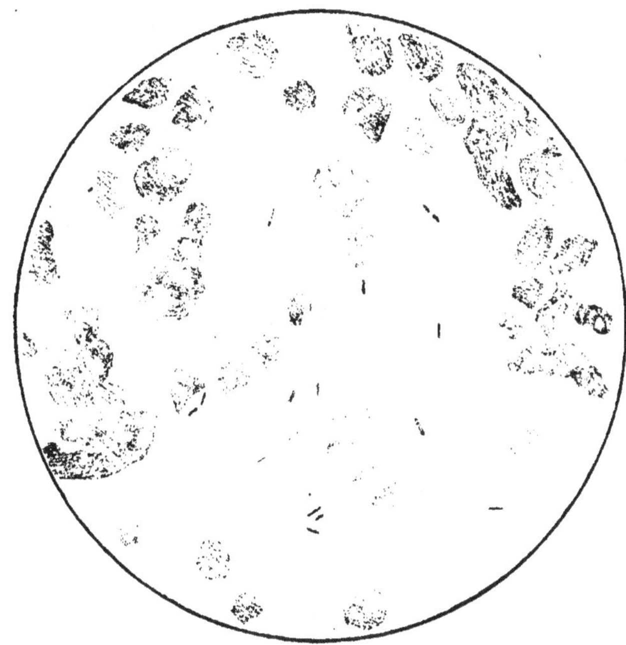

Fig. 68. — *Bacillus suipestifer*.

contaminé à l'aide de cultures par voie digestive, sous la
condition que la dose soit suffisante (Basset). Il succombe
en une à trois semaines, ou se rétablit. Dans les conditions
naturelles, l'incubation peut varier de quelques jours à
quelques semaines.

*Étiologie.* — Dès l'apparition d'un premier cas dans une
exploitation, la dissémination de l'agent infectieux virulent
se fait avec une très grande rapidité, les déjections s'en
trouvant chargées et répandues de tous côtés, la maladie

14.

sévit avec intensité, et la mortalité est toujours très élevée dans les porcheries infectées.

La dissémination au dehors se fait ensuite dans le voisinage et parfois très loin, par suite des échanges commerciaux, les porcelets d'élevage étant vendus dans d'autres localités peu après le sevrage. Les marchands de porcs sont les grands propagateurs de la maladie, même à leur insu, parce qu'ils achètent forcément dans les marchés et parfois même dans les exploitations infectées, sinon des malades, du moins des contaminés, qu'ils emportent, revendent et répartissent au loin de tous côtés. Les seules fatigues résultant des transports, des déplacements à longue distance, du changement de nourriture, parfois des privations temporaires, suffisent, d'après les données précédentes, à expliquer l'exaltation de la virulence de l'agent microbien et comment, à la suite de l'acquisition de sujets qui paraissaient encore bien portants au moment de l'achat, la maladie éclate quelques jours après dans les porcheries qui ont fait des importations.

*Symptômes.* — Les symptômes qui caractérisent l'évolution de l'entérite infectieuse se traduisent par un seul signe dominant, la diarrhée, laquelle est d'intensité fort variable, toujours fétide, séreuse, quelquefois mélangée de spumosités, de mucosités, de fausses membranes et même de sang. La maladie sévissant sur des animaux jeunes en état de croissance, l'épuisement est très rapide, les malades perdent l'appétit, se montrent fiévreux, tristes, inattentifs, efflanqués, sales, bientôt sans forces, pouvant à peine se tenir debout.

La mort survient par épuisement complet, dans le coma, sans agonie.

La durée de l'évolution est très variable; il est des malades qui peuvent être emportés en quelques jours, de quatre à dix en moyenne, et qui peuvent présenter quelques taches violacées sur le groin, les oreilles, le ventre ou la poitrine. D'autres résistent des semaines, conservent un certain appétit et finissent par guérir, ou meurent cachectiques.

Mais la mortalité est généralement très élevée ; cependant il existe de très grandes différences de gravité entre les enzooties ; certaines causeront une mortalité de 90 à 95 p. 100, d'autres une mortalité de 25 à 30 p. 100 seulement.

Dans nombre de cas, cette entérite infectieuse se complique de la forme de pneumonie ou de broncho-pneumonie contagieuse *(Schweineseuche)*, qui caractérise une autre maladie grave de l'espèce porcine, et c'est la fréquence de cette complication qui justifie l'appellation de *pneumo-entérite infectieuse* encore utilisée actuellement dans notre administration sanitaire.

Mais, en réalité, il est peut-être plus fréquent d'observer la pneumonie contagieuse isolée d'une part, et l'entérite infectieuse contagieuse d'autre part, que de voir l'association pathologique qualifiée pneumo-entérite. Dans tous les cas, la superposition de la pneumonie contagieuse à l'entérite infectieuse ne fait qu'aggraver la situation première, parce que les malades se trouvent frappés à la fois de deux infections également redoutables.

*Lésions.* — Les lésions de l'entérite infectieuse se développent sur l'intestin grêle, et sur le gros intestin parfois jusqu'à l'anus. La muqueuse digestive est irritée, enflammée, tuméfiée, infiltrée, souvent très épaissie, comme exulcérée sur de larges étendues et recouverte d'un enduit fibrineux pultacé blanc grisâtre ou jaunâtre assez peu adhérent. Par places, elle se montre parfois végétante, avec productions hypertrophiques villeuses ou en forme de choux-fleurs. Toutes les tuniques superposées du tube intestinal : muqueuse, sous-muqueuse, couches musculaires, plans conjonctifs interposés et séreuse, peuvent être enflammées dans les cas graves et anciens, et la péritonite diffuse est alors de règle, soudant entre elles les circonvolutions et les dilatations annulaires ou spiroïdes du gros intestin. Le tube digestif se trouve alors transformé en un conduit semi-rigide dans lequel le péristaltisme est en grande partie aboli. Ces différentes altérations évoluent progressivement comme conséquence de la pénétration en profondeur de l'agent ou des agents d'infection.

Le processus infectieux frappe tout d'abord les plaques de Peyer, qui s'hypertrophient, s'enflamment, subissent une sorte de caséification, et s'ulcèrent en plaques envahissantes, variant des dimensions d'une pièce de 1 franc à celle de 5 francs sur une longue étendue. L'infection gagne les ganglions mésentériques; dans les formes chroniques, ces ganglions hypertrophiés peuvent subir une véritable caséification, mais jamais de calcification. Les poumons et ganglions bronchiques peuvent subir le même sort, par propagation du germe infectieux, les îlots de caséification restant isolés ou pouvant se réunir en conglomérats (Glasser).

Les B. paratyphiques se rencontrent en abondance dans les lésions de l'intestin, dans les ganglions enflammés ou caséeux. Dans les formes aiguës, on les trouve dans le sang et dans la rate.

*Diagnostic.* — Le diagnostic clinique de l'entérite infectieuse ne présente généralement pas de bien grandes difficultés, car elle ne peut être confondue qu'avec l'entérite diarrhéique banale et avec la peste porcine. Or les cas d'entérite vulgaire, sous la simple dépendance du régime alimentaire, n'apparaissent qu'accidentellement, sur un ou sur quelques sujets seulement.

La peste porcine a, au contraire, un caractère rapidement envahissant, se manifestant sur nombre de jeunes sujets d'une même localité ou d'une même région.

L'entérite infectieuse apparaît communément sous forme d'enzooties de porcheries, à la suite de l'introduction de nouvelles recrues.

Une autopsie attentive à la suite d'un premier cas de mort peut aussi fournir des renseignements précieux, mais la recherche et l'isolement de l'agent d'infection ne peuvent être utilement pratiqués que dans les laboratoires.

Il faut savoir enfin que l'entérite infectieuse peut être superposée à la peste, que c'est même là la raison qui

pendant un certain temps avait fait supposer aux bactériologistes américains, à la suite de la découverte du virus
filtrant de la peste, que la *Salmonella* ne jouait aucun rôle
dans les accidents enregistrés et la diffusion de la maladie.
Les recherches expérimentales de Glasser, Damman,
Stedefeder, Basset ont démontré nettement que l'entérite
infectieuse était fonction d'un B. paratyphique.

La peste porcine étant très rare en France, la plupart
des cas signalés autrefois, et encore aujourd'hui sous le
qualificatif *pneumo-entérite*, doivent être rapportés à l'entérite infectieuse.

*Pronostic.* — Le pronostic est très grave, la plupart des
sujets atteints succombent ; mais ce sont à peu près exclusivement les jeunes, d'un mois à quatre et cinq mois qui
sont frappés ; les adultes, même en milieu contaminé,
restent ordinairement indemnes.

*Traitement.* — Il n'existe pas jusqu'à ce jour de traitement spécifique de l'entérite infectieuse ; ni vaccination, ni
sérothérapie.

Mais, comme il s'agit d'une affection qui se transmet aux
petits sujets réceptifs par l'intermédiaire du milieu, il y a
lieu, dès le diagnostic confirmé, ou même sur simple suspi-
cion, de séparer et d'isoler rigoureusement tous les malades
et les suspects sans exception, pour éviter toute communication avec des sujets sains ; puis de pratiquer une désinfection parfaite des locaux ayant abrité les malades.

On a conseillé ensuite de traiter les malades par les anti-
diarrhéiques, les antiseptiques intestinaux, les ferments
lactiques, etc.

Le sous-nitrate de bismuth médicinal peut être donné
dans les aliments aux doses de plusieurs grammes, 2 à
10 grammes ; le benzo-naphtol, 1 à 2 grammes ; le phosphate de chaux, 2 à 10 grammes, le carbonate de chaux,
l'eau de chaux, etc.

Les médications thérapeutiques, comme la plupart de
celles dirigées contre l'appareil digestif, n'ont que des effets
bien limités et souvent bien illusoires.

Toutefois, il en est une, recommandée récemment en Amérique et qui entre mes mains a donné des résultats surprenants de rapidité et d'efficacité. C'est la médication à base de bleu de méthylène en ingestion, 0$^{gr}$,50 à 1 gramme par jour suivant la taille des malades, pendant cinq à six jours consécutifs. Je la crois appelée à rendre de très grands services quand elle est utilisée dès le début des enzooties, après diagnostic précis. La fièvre et la diarrhée cèdent dès le troisième ou. le quatrième jour, l'appétit reparaît rapidement avec la convalescence et la guérison.

Le lait caillé, le lait écrémé additionné d'eau oxygénée du commerce dans la proportion de 50 grammes par litre permettent d'obtenir un certain nombre de guérisons.

Les porcheries abritant des malades, ainsi que les ustensiles utilisés pour l'alimentation, doivent être tenus dans le plus grand état de propreté et désinfectés plusieurs fois par semaine.

### La variole des porcs.

Sous le nom de variole du porc, on a signalé depuis fort longtemps une maladie dont la nature intime n'avait pas été précisée, mais qui se traduit par une éruption pustuleuse plus ou moins confluente et par un caractère de contagiosité très net. Viborg, Hertwig, Zundell, Delafond, etc., l'ont plus ou moins bien décrite ou mentionnée comme sévissant dans les pays de l'Europe centrale et septentrionale, plus rarement en France. Elle a été reconnue par Laquerrière, en Algérie, bien étudiée plus récemment par Szanto, en Hongrie, Poënaru, en Roumanie, Velu, au Maroc.

Elle sévit cependant dans nombre de contrées d'élevage en France, et particulièrement dans l'ouest, où on la désigne sous le nom vulgaire de *lavelle* ou de *lavelure* (Besnoit).

La variole porcine sévit de préférence chez les jeunes sujets d'un à deux mois, mais elle peut évoluer aussi chez des adultes (Laquerrière) et s'y présenter, dans des conditions plus rares, avec le même caractère de gravité.

*Symptômes.* — Elle apparaît par contagion, souvent dans des conditions imprévues. Elle se traduit par de la tristesse, de l'inappétence, du larmoiement et une réaction fébrile d'intensité variable oscillant de 39° à 41°. Puis bientôt il se produit une éruption de taches rouges au niveau desquelles, la peau s'épaissit, éruption pustuleuse discrète, d'intensité moyenne, ou confluente, selon les cas, avec

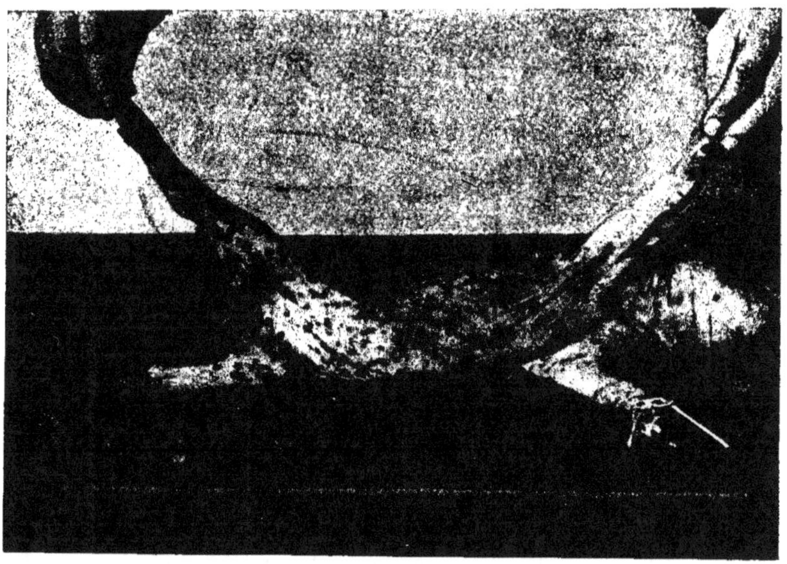

Fig. 69. — Variole du porc (d'après Poënaru).

localisation primitive et prédominante sur la région abdominale et la face interne des cuisses.

L'éruption gagne ensuite toute la surface du corps, en se localisant encore de préférence à la tête, au cou et à la poitrine, puis se transforme pour devenir, comme dans la variole humaine ou le cow-pox, pustulo-vésiculeuse et suivre une évolution quelque peu comparable aux pustules de ces deux maladies. Les pustules peuvent acquérir les dimensions d'une lentille ou plus.

L'exsudation qui transforme la pustule primitive en

vésico-pustule se fait au bout de cinq à six jours, la déchirure des vésicules se produit vers le dixième jour, après quoi il y a suintement, dessiccation, formation de croûtes et cicatrisation régulière ; ou beaucoup plus souvent suppuration, ulcération, cicatrisation lente et irrégulière. Il peut se produire des complications mortelles par septicémie, broncho-pneumonie, etc. Dans les cas bénins, l'éruption est très fugace, à peine caractérisée, les sujets à peine indisposés.

Velu a signalé au Maroc des éruptions varioliques sur les lèvres, dans la bouche (confusion possible avec la fièvre aphteuse), même sur la cornée, avec perte consécutive de la vue.

La durée totale d'évolution de la maladie est de trois semaines à un mois ; la mortalité est très variable selon les saisons, les conditions d'hygiène et d'alimentation, selon la virulence même des enzooties. La maladie se présente ordinairement dans les élevages sous forme d'enzooties localisées à une exploitation ou quelques exploitations voisines, la mortalité pouvant être insignifiante, atteindre 25 p. 100 (Poënaru), exceptionnellement beaucoup plus (presque la totalité des malades, Laquerrière). La durée de l'enzootie peut être fort variable selon l'importance de l'élevage des jeunes.

La maladie est nettement contagieuse ; elle est beaucoup plus fréquente chez les jeunes que chez les adultes et semble se communiquer assez lentement des premiers à ces derniers. Elle est directement inoculable aux animaux de même espèce (Viborg, Spinola, Hering) ; Poënaru l'a même transmise par *inoculation sous-cutanée* de sang virulent ou d'émulsion de lymphe écoulée des vésico-pustules. Les recherches récentes de ce dernier auteur lui ont montré que la variole porcine était due à un virus filtrant, que les filtrats sur Berkefeld d'émulsions de produits de raclage des pustules en particulier, pouvaient transmettre la maladie.

*Lésions.* — Les lésions se traduisent par des zones de congestion cutanée, avec épaississement du derme, exsudation sous-épidermique, destruction de l'épiderme. Dans

VARIOLE HÉMORRAGIQUE DU PORCELET.

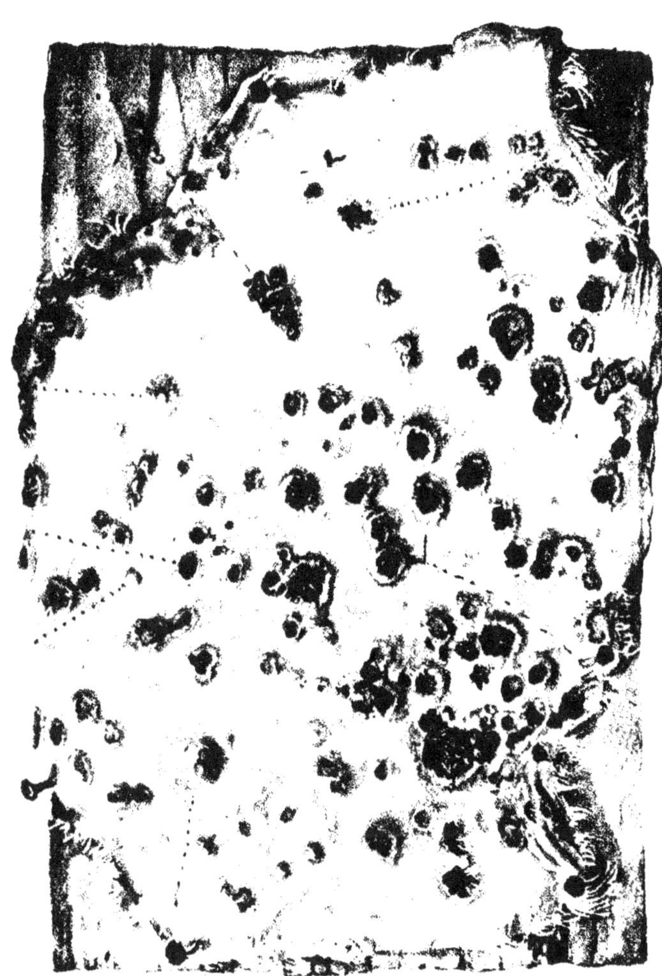

LÉSIONS VARIOLIQUES CUTANÉES, AVEC COMPLICATIONS ULCÉREUSES
ET SUPPURÉES.

les cas graves, mortels, il existe fréquemment des foyers de broncho-pneumonie. Lévy, Hutyra et Marek ont signalé la présence d'ulcères plans de la muqueuse gastrique, entourés d'une zone circulaire rouge ou jaune claire.

Le *diagnostic* de la variole porcine ne semble pas devoir présenter cliniquement de grosses difficultés, lorsque l'affection est bien caractérisée, car il n'en est que peu d'autres qui puissent se prêter à confusion. L'impétigo n'a pas la même allure ni les mêmes localisations.

Le *pronostic* est fort variable, mais d'une façon générale doit être considéré comme grave.

Certaines formes septicémiques à marche rapide sont presque toujours mortelles, de même que les formes à éruptions confluentes (variole hémorragique), mortalité 50 à 80 p. 100; d'autres à éruptions discrètes motivent un pronostic favorable.

*Traitement.* — Il s'agit d'une affection considérée comme assez commune; il ne semble pas que l'on se soit beaucoup préoccupé de la question du traitement. Cependant, la première indication semble devoir être de séparer les malades des sujets sains, et de les placer dans des locaux à température douce, sur des litières abondantes propres et sèches, pour éviter à la fois et les complications internes par refroidissement (pneumonies, broncho-pneumonies, pleurésies, etc.) et les complications externes par infection (suppurations prolongées, infections septicémiques ou pyohémiques secondaires, etc.).

Une alimentation à base de lait pur, petit-lait, lait caillé, etc., doit être recommandée surtout lorsque les porcelets viennent d'être sevrés. Les tisanes diurétiques d'orge, de graines de lin, de pariétaire, doivent être ajoutées aux aliments.

Enfin les locaux ayant abrité les malades doivent être désinfectés en fin d'épidémie.

Il ne semble pas que l'on ait recherché un traitement spécifique quelconque, vraisemblablement par suite du peu de fréquence de la maladie en France. On a signalé que la variole porcine n'était pas inoculable aux autres animaux, alors que l'on sait que le cow-pox est inoculable au porc ; mais il reste à établir si ce cow-pox expérimental le met à l'abri de la variole porcine, ce qui semble douteux car Velu a signalé que des porcelets guéris de variole pouvaient contracter la vaccine. C'est pourquoi il conseille, dans les élevages importants, la variolisation (lymphe variolique recueillie au quatrième ou cinquième jour) sur des vésico-pustules d'éruption discrète.

## Fièvre aphteuse.

La fièvre aphteuse est très fréquente chez le cochon; après l'espèce bovine, l'espèce porcine doit être considérée comme la plus apte à la maladie, sous le rapport de la sensibilité de réceptivité. Lorsque la maladie aphteuse apparaît dans une exploitation, elle passe avec la plus extrême facilité, comme on le sait, de l'espèce bovine à l'espèce porcine, et réciproquement, tandis que les transmissions réciproques aux espèces caprine et ovine par exemple sont infiniment moins fréquentes.

L'*étiologie* de l'affection se limite naturellement à la contagion, qu'elle soit directe ou indirecte, semée dans l'exploitation d'une façon ou d'une autre. Il suffit que le contage soit apporté par les aliments, les litières, les boissons ; qu'il soit pris au pâturage, le long des chemins, etc., pour que l'affection puisse évoluer.

La pénétration du virus se fait avec une extrême facilité par les voies naturelles, digestive ou respiratoire, par les érosions superficielles des régions digitées ou de la peau de la surface du corps. L'inoculation du virus dans une région quelconque et par un moyen quelconque, peut donner un résultat positif.

La *symptomatologie* de la fièvre aphteuse est aussi caractéristique chez le porc que chez le bœuf ; expérimentalement l'incubation paraît être à peu près d'égale durée, l'apparition de la maladie pouvant se faire trente-six à quarante-huit heures après l'inoculation directe. A l'état naturel, il est difficile d'apporter des précisions de même ordre, mais ce que l'on peut affirmer cependant, c'est que l'incubation peut être aussi de fort courte durée.

Les manifestations objectives sont d'abord celles d'une affection générale : tristesse, inappétence, stupéfaction, tendance des malades à s'enfouir dans les litières, difficulté des déplacements, même avant l'apparition de toute lésion locale, fièvre intense, etc.

Les éruptions aphteuses, comme chez les bovidés, sont extraordinairement rapides ; elles se produisent un peu partout : dans la bouche, sur la langue, à la face interne de la lèvre inférieure, plus rarement au palais.

Le groin est le siège ordinaire d'une éruption franchement vésiculaire, comme la bouche, les vésicules peuvent y acquérir de larges dimensions.

Les extrémités digitées sont le siège d'éruptions dans les espaces interdigités vers la région des talons et sur tout le pourtour du bourrelet, exactement comme chez les bovidés. Les éruptions aphteuses peuvent être si intenses qu'il y ait décollement complet et chute des onglons ; c'est d'observation courante.

Chez les truies adultes et nourrices, l'éruption peut aussi se produire sur les mamelles, exactement comme chez les vaches, bien que le fait soit moins fréquent.

Dans les formes ordinaires, l'évolution aphteuse se fait avec rapidité chez l'espèce porcine; après une huitaine, tout est fini, l'évolution est rapide ainsi que la cicatrisation des plaies, malgré l'abandon à peu près absolu dans lequel on laisse ordinairement les malades, par suite même de leur indocilité.

Cependant, si les complications et la mortalité sont assez rares chez les adultes, il n'en est plus de même chez les jeunes, chez les porcelets, pour lesquels le déficit peut être énorme. La mort subite est particulièrement fréquente, même sans grandes manifestations apparentes, par suite de l'évolution de myocardites toxi-infectieuses très spéciales (Vallée).

*Lésions*. — A l'autopsie, les lésions sont ordinairement celles des septicémies : congestions viscérales, dilatation marquée des capillaires des séreuses, ecchymoses sous-séreuses sur le poumon, le cœur, etc., sang incoagulé ou mal coagulé. Assez souvent il existe une véritable péricardite séreuse, et parfois aussi un notable épanchement pleural. Le myocarde, dans les cas de mort subite, présente des taches grises ou gris-jaune tranchant nettement sur la teinte rouge de l'ensemble (cœur tigré de Kitt).

Le cochon est un excellent sujet d'expérimentation pour l'étude de la fièvre aphteuse et pour les recherches à poursuivre.

*Diagnostic*. — Le diagnostic ne présente aucune difficulté, car il n'existe pas d'affection présentant un ensemble de signes aussi nets ; cependant, dans les cas de lésions digitées particulièrement intenses, parfois pourrait-on confondre avec des complications banales d'infection des tissus kératogènes des onglons.

*Pronostic*. — Le pronostic est assez généralement bénin pour les adultes, au point de vue mortalité bien entendu, car il est toujours fort grave au point de vue économique. Chez les jeunes, ce pronostic est beaucoup plus grave.

*Traitement*. — Jusqu'à l'heure actuelle, il n'existe ni traitement préventif, ni traitement curatif spécifique, et comme il est difficile de faire quelque chose au point de vue purement local chez les cochons, il en résulte que l'on se trouve réduit à abandonner les malades aux seuls soins de la nature.

Cependant il est tout indiqué de les laisser sur des litières abondantes, très propres, très sèches, ou simplement arrosées d'antiseptiques légers (solutions phéniquées ou crésylées à 20 ou 25 grammes par litre).

Il est indiqué encore de laisser à la disposition des malades du lait écrémé bouilli, du lait caillé, voire même du lait additionné d'eau oxygénée à raison de 20 grammes d'eau oxygénée par litre.

Lorsque l'intervention sera possible, on lotionnera la

région des onglons avec des solutions antiseptiques ou astringentes faibles (crésyl ou sulfate de fer à 30 p. 1000); et, chez les jeunes, on détergera les ulcérations buccales pour faire ensuite des attouchements au pinceau avec de la teinture d'iode diluée au tiers, ou une solution d'acide chromique à 20 p. 1000.

Lorsque la maladie éclate dans une porcherie, il est pour ainsi dire impossible d'en limiter l'extension. l'observation et l'expérience des faits ayant depuis longtemps démontré qu'il y a dès ce moment de nombreux sujets contaminés, et que les tentatives d'isolement des malades pour sauvegarder la santé des autres restent à peu près toujours sans résultats.

Il est dès lors tout indiqué de laisser la maladie se propager à toute l'exploitation, ou même de favoriser la propagation, en faisant séjourner un malade dans les différentes loges, pour raccourcir la durée de l'enzootie et limiter le temps des soins à donner.

### Fièvre charbonneuse.

Le charbon bactéridien chez le porc, causé par la bactéridie charbonneuse de Davaine, est une rareté aujourd'hui, en France tout au moins, ce qui s'explique par les conditions actuelles d'entretien et d'engraissement (entretien à la porcherie, engraissement avec des aliments cuits).

Mais il peut cependant être enregistré, et comme ses manifestations sont très particulières, il y a lieu de les bien connaître.

L'étiologie se limite à l'infection par ingestion de matières virulentes (détritus de viandes ou de viscères d'animaux charbonneux, d'aliments de provenance suspecte souillés accidentellement par du virus charbonneux, etc.). Dans bien des cas, l'origine des accidents reste indéterminée, et rien ne permet de la découvrir.

La pénétration du virus se fait soit au niveau de la région pharyngienne, soit au niveau de l'intestin, elle est chez les sujets de l'espèce porcine toujours favorisée par la présence presque constante, peut-on dire, de lésions muqueuses de l'arrière-bouche, de l'intestin grêle ou du gros intestin (exulcérations ou ulcérations).

Les *symptômes* se traduisent par de la tristesse, de l'inappétence, de la fièvre, de la tendance chez les malades à se maintenir blottis dans la litière, hébétés et indifférents à ce qui se passe autour d'eux.

Mais ces troubles, qui sont d'ordre général, seraient de bien peu de valeur s'il ne se produisait pas, dans la majorité des cas, une localisation très singulière et très significative : l'apparition d'un engorgement œdémateux diffus de la région de la gorge, qui a fait décrire autrefois l'affection sous le nom d'angine charbonneuse. La tuméfaction œdémateuse est modérément chaude, assez peu sensible ou douloureuse; mais il est certain, abstraction faite de complications d'ordre bénin, qu'elle est toujours assez étendue pour gêner mécaniquement le fonctionnement des premières voies respiratoire et digestive.

L'œdème s'étend progressivement de la région de l'auge et la gorge à la région du cou, à l'entrée de la poitrine et aux aisselles, gênant naturellement la marche et même la station debout, ce qui fait que les malades ont encore plus de tendance à rester couchés et enfouis.

On a signalé l'apparition de plaques cutanées rouges ou violacées dans la région tuméfiée; le phénomène n'est pas constant, nombre de sujets peuvent succomber sans montrer ces plaques.

Les muqueuses sont congestionnées et cyanosées.

L'évolution est généralement très rapide, douze, vingt-quatre ou trente-six heures ; les cas de guérison sont fort rares, mais non exceptionnels.

*Lésions.* — Les lésions du charbon chez le cochon sont celles que l'on rencontre chez la plupart de nos animaux : congestions viscérales plus ou moins caractérisées, sang incoagulable, hypertrophie de la rate, présence d'un œdème gélatineux, à peine teinté en rose par l'hémoglobine, infiltra-

tion extraordinaire de la région sous-glossienne et pré-
cervicale, ganglions avoisinants infiltrés, succulents et hémorragiques, etc.

*Diagnostic.* — Le diagnostic, étant donnés les caractères
mêmes de l'origine charbonneuse, est relativement facile;
cependant il y a lieu de le confirmer par la recherche de la
bactéridie dans le sang des parenchymes viscéraux (rate,
foie, ganglions) ou dans le sang des capillaires périphériques,
et, dans les cas de doutes, par l'inoculation du sang ou de la

Fig. 70. — Charbon bactéridien. — Angine charbonneuse.

pulpe de rate, à des sujets d'expériences. Cette inoculation
doit être faite immédiatement après la mort pour éviter les
erreurs dues à d'autres septicémies (vibrion septique, etc.).

*Pronostic.* — Le pronostic de la fièvre charbonneuse,
dûment diagnostiquée, doit toujours être considéré comme
fatal.

*Traitement.* — Le charbon étant une rareté chez le cochon, un véritable accident plutôt qu'une maladie enzootique ou épizootique, il n'y a pas lieu d'envisager la nécessité des vaccinations préventives.

Cependant il est indispensable, tout au moins, de savoir et
de rappeler que d'autres animaux de même espèce pourraient s'infecter en consommant les viscères crus ou les
viandes des sujets de même espèce morts de fièvre charbonneuse, qu'il y a utilité par conséquent à détruire les cadavres
des sujets atteints, par cuisson ou tout autre procédé et à

ne pas les abandonner ou les enfouir, comme cela se faisait si malencontreusement autrefois.

La guérison du charbon déclaré peut exceptionnellement être obtenue chez le cochon, par suite de la rapidité d'évolution de la maladie dans cette espèce. Cependant, l'emploi aussi hâtif que possible du sérum anticharbonneux, en injection prudente par les veines ou dans le tissu conjonctif de la base de l'oreille et de la face inférieure de l'abdomen, est nettement indiquée.

Les cautérisations larges en pointes pénétrantes dans la tuméfaction œdémateuse, suivies d'injections interstitielles sur tout le pourtour de la tuméfaction, d'eau oxygénée (1 à 2 centimètres cubes à chaque point), de teinture d'iode diluée au cinquième, ne doivent jamais être négligées.

La désinfection minutieuse des locaux contaminés et souillés est bien entendu une nécessité.

## Tuberculose chez le porc.

La tuberculose du porc est due au développement dans son organisme du bacille tuberculeux d'origine bovine, et exceptionnellement du bacille aviaire. Elle évolue comme chez les autres espèces, avec une facilité exceptionnelle dans certaines conditions, l'espèce porcine ayant une réceptivité tout à fait remarquable pour cette maladie.

Elle est très généralement d'origine alimentaire, c'est pour cela qu'on la voit plus fréquemment dans les porcheries annexées aux laiteries et beurreries industrielles que dans les élevages ordinaires isolés ou même dans les élevages ruraux de petite et moyenne culture. C'est d'ailleurs là une donnée bien anciennement connue, qui a été signalée dans tous les pays de production laitière intensive, en Danemark et en Hollande en particulier.

L'explication de cette fréquence plus grande de la tuberculose dans les établissements industriels, les beurreries surtout, que dans les élevages particuliers, est la suivante : Dans ces établissements, les cochons sont nourris avec le lait écrémé, le petit-lait et des farineux variés. Très fréquemment les boues des écrémeuses sont elles-mêmes utilisées, et ce sont elles qui sont plus particulièrement dangereuses, parce que ce sont elles qui renferment la plus grosse quantité de germes ou de bacilles de la tuberculose.

Dans les laits ainsi traités industriellement, il s'en trouve presque fatalement qui viennent de vaches atteintes de tuberculose viscérale, pulmonaire ou autre, et presque fatalement aussi de vaches qui ont de la tuberculose mammaire plus ou moins discrète. Or, dans ces conditions, le microbe de la tuberculose passe dans le lait ; dans les cas de lésions mammaires, le nombre de bacilles tuberculeux est toujours fort élevé ; avec les vaches qui n'ont que de la tuberculose viscérale et des mamelles indemnes en apparence, il peut se trouver des bacilles tuberculeux en quantité beaucoup plus rare, il est vrai, mais bien trop fréquente encore, ainsi que je l'ai démontré il y a bientôt dix ans.

Lors de la centrifugation de laits contenant des bacilles tuberculeux, ces bacilles sont répartis par action mécanique en petite quantité dans la crème, dans le lait écrémé et surtout en majeure partie dans les résidus de centrifugation (boues des écrémeuses). Il en résulte que les cochons étant nourris avec le babeurre ou le lait écrémé se trouvent exposés à ingérer avec leur nourriture une certaine quantité de bacilles tuberculeux. Ils y sont surtout exposés lorsqu'ils consomment aussi les eaux de lavage des écrémeuses et les boues retirées lors du nettoyage de ces appareils. Et c'est ainsi que l'on voit apparaître la tuberculose chez le porc, chez un plus ou moins grand nombre de sujets selon leur réceptivité individuelle et selon le degré de souillure des laits consommés.

Il est possible sans doute, en plus, que dans un milieu infecté la propagation ou la diffusion de la tuberculose se fasse ensuite des animaux malades aux animaux sains, par suite des conditions de promiscuité au cours de l'éle-

15.

vage et par contagion respiratoire ou digestive, comme chez l'homme ou les bêtes bovines, mais en réalité le point de départ et le plus grand nombre de cas de tuberculose porcine doivent être considérés comme d'origine alimentaire.

La meilleure preuve qu'il en est ainsi, c'est que dans les autopsies ou les inspections sanitaires, ce sont surtout les lésions tuberculeuses digestives et ganglionnaires qui dominent dans les cas peu accentués, alors que les lésions tuberculeuses pulmonaires se découvrent de préférence chez les sujets atteints de tuberculose étendue ou généralisée.

Voilà la genèse courante de la tuberculose dans les porcheries d'élevage ou d'engraissement.

Dans les petits élevages isolés, il faut le hasard de la présence d'une bête tuberculeuse dans l'étable et l'emploi d'un lait accidentellement infecté, pour voir la tuberculose se développer.

Il est acquis aussi, et ce sont les résultats d'observations faites surtout en Amérique et partout où les porcs vivent en liberté dans les cours de ferme, que ces animaux peuvent s'infecter en fouillant les fumiers recueillis sous les bovidés tuberculeux, les excréments de ces malades étant fort souvent chargés de bacilles.

Olaf Bang, en Danemark, a signalé la possibilité de contamination des porcs par le bacille aviaire, dans les exploitations agricoles où la maladie sévissait sur les volailles ; ce sont là des faits qui en démontrant la réceptivité du porc pour la tuberculose, sont cependant exceptionnels, si on les compare à ceux résultant de l'infection d'origine bovine. Les porcs vivant en liberté s'infecteraient vraisemblablement en ingérant des aliments souillés par les excréments des volailles tuberculeuses, ils contracteraient une forme de tuberculose ordinairement localisée aux ganglions rétro-pharyngiens et aux ganglions mésentériques ; la généralisation serait très exceptionnelle. Des recherches ont démontré qu'il s'agissait bien de tuberculose d'origine aviaire, puisque le bacille redonnait la tuberculose à la poule et restait sans effets chez le cobaye ou le lapin.

Cette forme doit être très exceptionnelle chez nous, **elle** n'a pas encore été signalée.

*Symptomatologie.* — La symptomatologie de la tuberculose porcine est assez insidieuse, car les malades modérément atteints peuvent se développer à peu près aussi régulièrement en apparence que des sujets sains. Ce développement est peut-être un peu moins hâtif, un peu moins rapide, mais en somme dans une exploitation importante, sur des animaux soumis à l'alimentation intensive, il est assez rare qu'il y ait des signes extérieurs capables de fixer l'attention. Ce n'est que chez des sujets à lésions généralisées que l'on voit apparaître de la toux, de la difficulté respiratoire, de l'arrêt de développement ou d'engraissement, ou un mauvais état général suffisamment caractérisé pour fixer l'attention.

Très souvent, ce n'est qu'après la saisie d'un animal à l'abattoir que l'on est fixé sur l'existence de la tuberculose dans une porcherie d'élevage. Je pourrais citer nombre de cas où, dans des exploitations connues, la découverte n'a été faite que de cette façon.

Assez exceptionnellement il peut arriver qu'il y ait des signes extérieurs suspects tels que l'engorgement de l'auge lors de tuberculose des ganglions sous-glossiens, l'empâtement des jointures lors de tuberculose des articulations, la fréquence de la toux dans les cas de tuberculose pulmonaire ; mais ces symptômes n'ont rien de pathognomonique par eux-mêmes et peuvent se retrouver dans d'autres affections d'origine toute différente.

*Lésions.* — Les lésions de la tuberculose chez le porc peuvent être extrêmement variées, extrêmement différentes les unes des autres, puisque, comme chez le bœuf, tous les tissus et viscères peuvent être atteints ou à peu près : poumon, plèvres, foie, rate, reins, ganglions, cerveau, testicule, mamelles, os et articulations, etc. Il serait tout à fait superflu de donner ici des détails complets sur les modalités de ces altérations multiples, car on ne pourrait que répéter dans les grandes lignes ce qui a été si complètement décrit pour l'homme et les animaux de l'espèce bovine. Les différences seules sont intéressantes à enregistrer.

La tuberculose ganglionnaire est très sûrement la forme la plus fréquente de la tuberculose porcine, il est possible de la trouver généralisée, depuis les ganglions sous-glossiens, cervicaux, thoraciques, abdominaux et poplités, sans que les viscères, poumon, foie et rate, par exemple, soient gravement atteints ou même paraissent intéressés.

Ces ganglions sont hypertrophiés, à peine ou beaucoup, dégénérés à des degrés extrêmement variables, depuis l'infiltration hémorragique, l'infiltration par des tubercules en évolution, jusqu'à la destruction totale et l'infiltration calcaire complète. D'ordinaire, ces lésions évoluent sans réaction notable des tissus avoisinants; dans la cuisse, par exemple, on trouvera le ganglion poplité totalement détruit sans que le peloton graisseux enveloppant soit lui-même notablement altéré. Selon les degrés, on trouve donc des ganglions hypertrophiés, succulents, hémorragiques, fibreux, caséeux, fibro-caséeux, calcaires ou caséo-calcaires.

Les poumons viennent en seconde ligne au point de vue de la fréquence de l'envahissement, les altérations y revêtent les caractères suivants : lésions discrètes, confluentes ou massives, caractérisées par la présence de tubercules gris, de tubercules caséeux jaunâtres, de tubercules caséo-calcaires, ou de conglomérats tuberculeux d'importance variée. Les conglomérats peuvent être simplement caséeux, ou bien infiltrés de calcaire, ou plus exceptionnellement ramollis.

Dans les poussées aiguës de généralisation, les tubercules peuvent être englobés dans une zone congestive et inflammatoire périphérique donnant à l'examen macroscopique l'idée d'une hémorragie péri-tuberculeuse. Dans les lésions plus anciennes, les tubercules ou foyers tuberculeux peuvent être trouvés englobés dans une masse d'hépatisation rouge, et plus tard encore dans une masse d'hépatisation grise correspondant tout à fait à la pneumonie caséeuse de l'homme. Le ramollissement des foyers, avec

formation de véritables abcès ou de cavernes est fort rare
chez les animaux de l'espèce porcine, parce qu'ils sont
sacrifiés avant d'arriver à ce stade.

Langrand qui a bien étudié ces lésions de la tuberculose

Fig. 71. — Tuberculose du porc (Orchite tuberculeuse).

porcine a signalé la possibilité de tuberculose viscérale sans
tuberculose apparente des ganglions correspondants et aussi
la tuberculose discontinue des chaînes ganglionnaires,
certains de ces organes pouvant rester apparemment
indemnes au milieu d'une chaîne ganglionnaire envahie.

Ce doit être absolument rare et pour mon compte, je ne l'ai jamais vu.

La tuberculose du foie et de la rate se place en troisième ligne dans l'ordre de fréquence, puis celle plus rare des reins, des testicules, de l'appareil génital femelle.

Cliniquement, la tuberculose du testicule doit toujours être soupçonnée chez les mâles, dans les cas d'orchite caractérisée, elle n'est pas exceptionnelle chez les verrats, ce qui est très grave. Elle provoque naturellement de l'hypertrophie testiculaire, de la vaginalite exsudative et adhésive, des complications variées tenant à l'évolution et l'ancienneté des altérations tuberculeuses.

La tuberculose osseuse particulièrement étudiée par Chrétien mérite une mention toute spéciale en raison de sa fréquence chez le porc, car il serait à ce point de vue permis d'établir une comparaison avec la fréquence des lésions osseuses dans l'espèce humaine, lesquelles chez l'enfant provoquent ces accidents si graves classés sous l'appellation de *mal de Poll*, dans les lésions de la colonne vertébrale.

Ce sont les jeunes sujets de l'espèce porcine qui eux aussi présentent le plus souvent des lésions osseuses, et chez lesquels encore ce sont les lésions vertébrales qui dominent, si on les compare à celles des os longs. La tuberculose osseuse débute par des foyers dans le tissu spongieux du corps des vertèbres ; elle provoque la destruction de ce tissu spongieux par des foyers intraosseux qui constituent de véritables séquestres totalement emprisonnés, ou qui le plus souvent gagnent la périphérie des corps vertébraux, les articulations intervertébrales, les articulations vertébro-costales, etc. Ces lésions déterminent l'affaissement ou l'écrasement des corps vertébraux et des déformations plus ou moins complexes.

Dans les os longs, les altérations se font de façon identique, au voisinage des épiphyses de préférence, elles provoquent facilement dans la suite l'ouverture d'abcès tuberculeux vers l'intérieur des articulations, l'apparition et

   

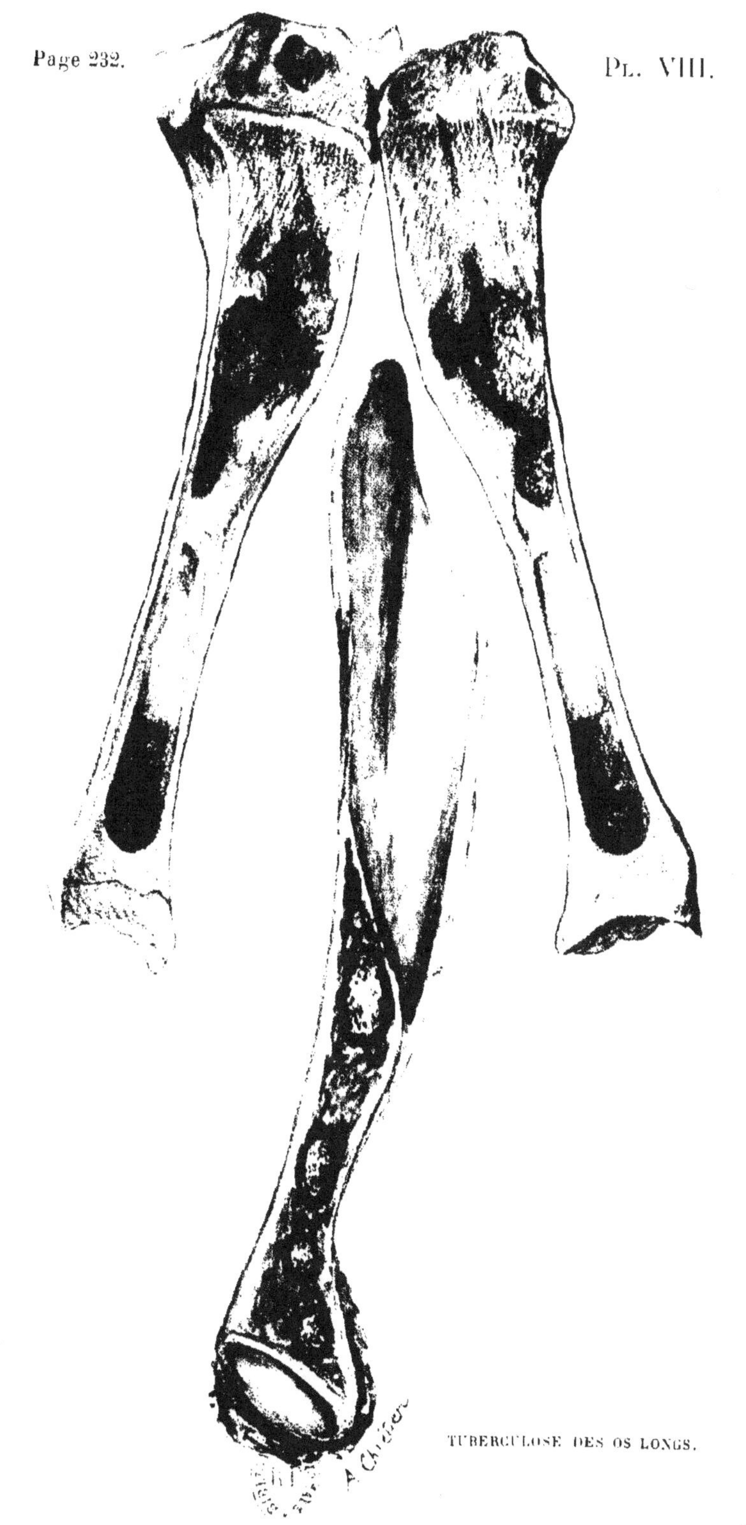



TUBERCULOSE DES OS LONGS.

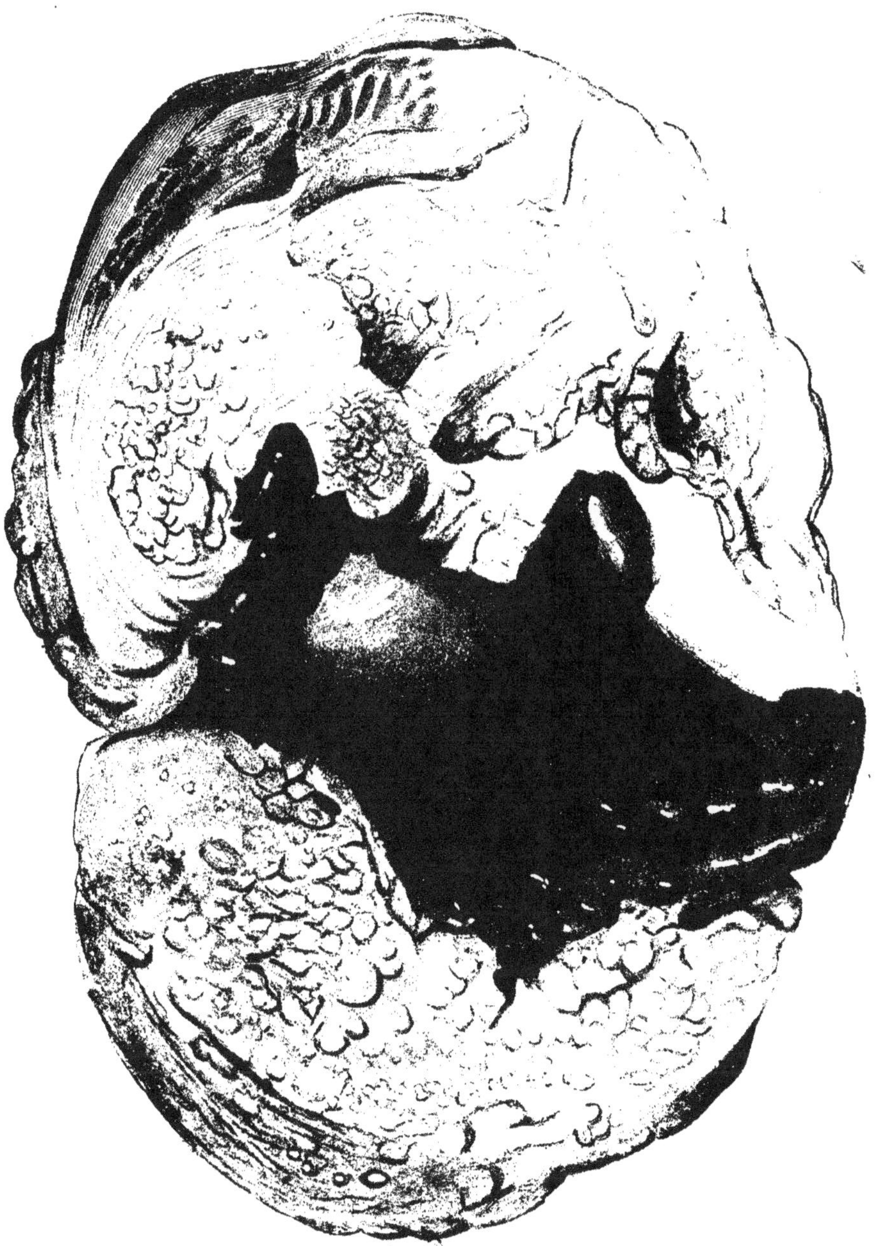

ARTHRITE TUBERCULEUSE DU PORC.
Synoviale et tissus péri-synoviaux envahis. Tubercules caséeux disséminés dans le tissu scléro-œdémateux péri-articulaire.

l'évolution d'arthrites tuberculeuses. Les articulations se montrent alors empâtées, tuméfiées, modérément douloureuses, gênées dans leurs mouvements, depuis la raideur simple jusqu'à l'ankylose complète. Tous les tissus de la jointure, extrémités osseuses, synoviales, tissus périarticulaires, contribuent au processus réactionnel de l'envahissement tuberculeux. Au début, les arthrites tuberculeuses sont des arthrites closes ; si les malades ne sont pas sacrifiés de suite, ces arthrites peuvent s'abcéder au niveau de l'un des culs-de-sac synoviaux, donner des fistules persistantes et amener dans la grande majorité des cas des complications rapidement mortelles.

En milieu infecté dans des porcheries ou des étables, le porc s'inocule très facilement de tuberculose au niveau de plaies cutanées, par des souillures extérieures, j'en ai constaté des cas à la suite de simples morsures, et Chaussé a signalé l'infection au niveau des plaies de castration.

*Diagnostic.* — Le diagnostic clinique de la tuberculose porcine est particulièrement délicat pour les éleveurs et même pour les vétérinaires. Et cependant, il est du plus haut intérêt d'établir un diagnostic précoce pour ne pas être exposé à entretenir et engraisser des animaux qui plus tard seront saisis partiellement ou en totalité lors de l'abatage.

Jusqu'à ces dernières années, on ne possédait pas de moyen pratique d'établir le diagnostic précis du vivant des sujets, parce que les sujets de l'espèce porcine se prêtent mal à une exploration clinique méthodique et parce que, même avec l'emploi de la tuberculine selon l'ancien procédé (injection sous-cutanée), le résultat restait incertain.

Aujourd'hui c'est tout différent, car le procédé de diagnostic par la méthode d'intradermo-réaction est tout aussi facilement applicable aux animaux de l'espèce porcine qu'aux animaux de l'espèce bovine. Il suffit, dans une exploitation suspecte, de soumettre tous les sujets à l'in-

jection intradermique de un dixième de centimètre cube de
tuberculine diluée au dixième, pour avoir, chez les sujets
infectés seulement, une réaction locale tout à fait caractéristique et absolument sûre.

L'injection doit être faite de préférence dans l'épaisseur
de la peau de la surface externe de l'oreille :

Si les animaux sont indemnes de tuberculose, ils n'en
sont nullement impressionnés, aucune réaction ne se
produit au point d'inoculation ; si au contraire les sujets

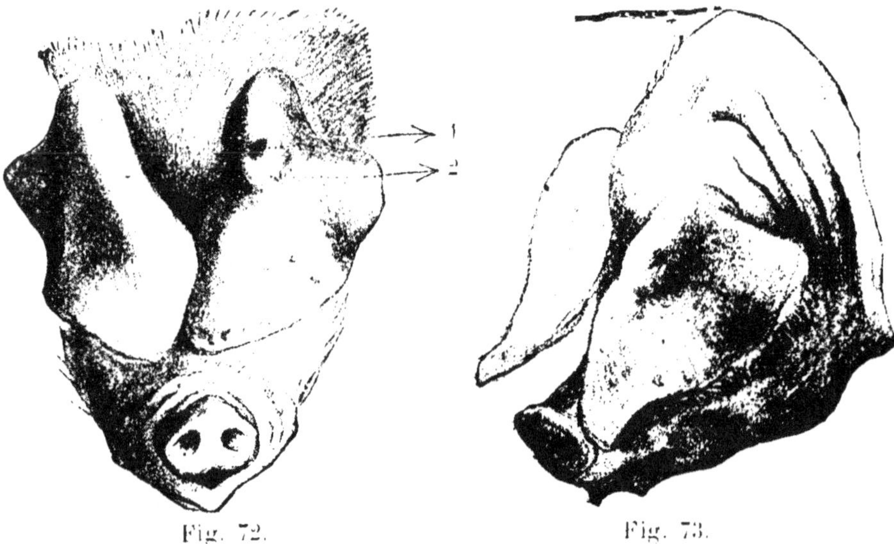


Fig. 72.                                          Fig. 73.

Fig. 72. — Intra-dermo-réaction chez le porc. — (1). tache hémorragique centrale ; (2) limite de la plaque œdémateuse vue de face d'une
intra-dermo-réaction sur l'oreille gauche. Tache hémorragique et
plaque œdémateuse des dimensions d'une pièce de 5 francs.

Fig. 73. — Vue de trois quarts d'une intra-dermo-réaction
chez le porc.

soumis à l'épreuve sont infectés par le bacille tuberculeux,
il se produit en moins de quarante-huit heures, au point
d'inoculation, une plaque œdémateuse en forme de macaron,
des dimensions d'une pièce de 5 francs en moyenne, avec
au centre une plaquette hémorragique rouge violacé des
dimensions d'une pièce de 50 centimes ou de 1 franc.

C'est là une opération extrêmement simple, qui se pratique avec rapidité, qui est peu coûteuse, et qui permet pour une somme modique de pouvoir épurer un élevage infecté, tous les animaux porteurs de lésions tuberculeuses pouvant être découverts d'un seul coup, isolés et sacrifiés hâtivement.

Selon les résultats positifs ou négatifs de l'épreuve. la ligne de conduite se trouve ensuite toute tracée. Et cela nous amène maintenant à étudier les conditions de prophylaxie antituberculeuse s'adressant à l'espèce porcine, puisque pour cette espèce comme pour nos autres sujets domestiques, il ne saurait être question, à l'heure actuelle. de traitement antituberculeux efficace.

*Prophylaxie.* — En tenant compte des principes que je viens d'exposer, le problème se pose dans les conditions suivantes : la tuberculose porcine étant surtout d'origne alimentaire, il faut, économiquement et industriellement, placer les animaux dans des conditions telles qu'ils ne puissent s'infecter, tout en consommant le lait écrémé, le petit-lait et les résidus de beurrerie, laiterie ou fromagerie.

Le principe le plus simple consisterait à ne pas utiliser de vaches tuberculeuses, et ce principe se trouve mis en pratique par certaines coopératives ou sociétés industrielles qui n'admettent que les laits fournis par des vaches n'ayant pas présenté de réaction à la tuberculine. Il est extrèmement facile, commode et peu onéreux pour les directeurs de société, de faire tuberculiner périodiquement, tous les ans, toutes les vaches utilisées, et, grâce à cette méthode d'intradermo-réaction à la tuberculine, si facile, si sûre, si économique et si expéditive, il est possible d'éliminer de la production toutes les bêtes réagissantes. C'est là une méthode de sécurité à peu près absolue permettant d'éviter l'apparition de la tuberculose dans les porcheries annexes.

Mais le progrès est toujours lent, les méthodes scientifiques ne peuvent s'imposer du jour au lendemain, il faut tenir compte des coutumes établies. Si donc, les laits on résidus de laiterie utilisés pour l'alimentation porcine *sont quelconques*, il faut néanmoins pouvoir éviter l'apparition de la tuberculose porcine dans les élevages. Le moyen est encore relativement simple, il consiste, avant ou après extraction de la crème, à stériliser le lait écrémé et les autres résidus. Les bacilles tuberculeux qui s'y trouvent contenus étant détruits par la chaleur ne peuvent plus être nuisibles, les sujets de l'espèce porcine restent indemnes.

C'est là un procédé qui est devenu une règle en Danemark et qui, depuis de bien longues années, a montré que l'on pouvait ainsi complètement éviter la tuberculose porcine. Ce procédé est mis en pratique aussi dans nombre d'exploitations hollandaises, mais il ne s'est pas imposé partout, ainsi que nous en avons la preuve fréquente en constatant l'existence de la tuberculose sur les porcs d'origine hollandaise importés chez nous.

En France, on n'a guère encore tenu compte de ces données, elles sont bien peu nombreuses les exploitations de laiterie où l'on stérilise la masse des sous-produits.

Si enfin, en raison même de l'inobservation de ces prescriptions, la tuberculose est constatée dans des élevages, cela suffit pour pouvoir affirmer qu'il y a des vaches tuberculeuses exploitées, que, par conséquent, ces vaches sont dangereuses, et qu'il y aurait intérêt par suite à les éliminer.

Pour la porcherie atteinte, il y a lieu de faire aussi l'intradermo-réaction, de séparer, isoler et sacrifier hâtivement tous les sujets en puissance de tuberculose, pour compléter l'œuvre d'assainissement par une désinfection complète des locaux ayant abrité des malades. Mais, bien entendu, des retours offensifs de la maladie pourraient se faire si les conditions d'exploitation restaient les mêmes ; et c'est alors que s'impose la nécessité, soit de stériliser les sous-produits de laiterie, soit de sélectionner les vaches exploitées, en les soumettant aux épreuves de la tuberculine. Ce serait là une excellente méthode de lutte contre les tuberculoses animales et les sociétés industrielles pourraient faire beaucoup dans ce sens si elles le voulaient.

# Infection purulente chez le porc.
## *(Pyobacillose du porc.)*

Il existe chez les cochons une maladie qui se traduit par la formation d'abcès de dimensions très variables, et que je ne saurais autrement qualifier que par la dénomination d'*infection purulente*, c'est-à-dire de maladie à suppuration; la pyobacillose des auteurs allemands (Grips, 1898).

Selon l'âge des sujets, cette affection se traduit par des symptômes très différents.

Chez les tout jeunes, elle peut provoquer une mortalité si élevée que la presque totalité des portées disparaît ; chez ceux qui ont de trois à quatre mois, et qui de ce fait ont déjà acquis une résistance assez grande, la mortalité ne dépasse pas 25 à 30 p. 100 ; chez les adultes, c'est-à-dire chez ceux qui ont de six à huit mois, la mortalité est très limitée, les malades présentent de gros abcès superficiels ou profonds, des adénites suppurées avec altérations des tissus avoisinants ; par cela même, ils deviennent parfois impropres à la consommation.

La maladie dont il s'agit se constate fort rarement dans les élevages isolés ou peu importants, elle est plus fréquente dans les élevages nombreux et les exploitations industrielles. Le manque de soins au moment de la mise bas, la malpropreté, l'absence de désinfection de locaux contaminés, jouent un rôle prépondérant dans la propagation de la maladie chez les jeunes ; mais le mode d'installation des locaux est un autre facteur fort important de diffusion lorsqu'il s'agit de sujets de trois à six mois qui ne prennent plus la forme septicémique.

C'est ainsi qu'il est fort rare de voir l'infection purulente dans des loges de construction rudimentaire à sol en terre battue, par exemple; alors qu'on la voit se perpétuer dans des porcheries modèles cimentées de tous côtés, et en principe parfaitement désinfectables. L'explication s'en trouve dans ce fait qu'une désinfection parfaite est difficilement réalisable là où des malades sont conservés, même isolés dans des loges spéciales ; en second lieu que sur le sol en ciment, toujours plus ou moins rugueux, les porcs se font avec la plus grande facilité de petites excoriations cutanées insignifiantes par elles-mêmes, mais suffisantes pour favoriser des infections locales qui ne tendent ensuite qu'à progresser et se développer pour donner les formes cliniques de la maladie.

*Pathogénie.* — Cette affection est provoquée par un bacille qui a la propriété de fabriquer du pus, auquel on a donné le nom de *Bacillus pyogenes suis*, ou encore de *ba-cille de Grips*. Il a des affinités morphologiques et biologiques avec celui décrit sous le nom de Preisz-Nocard, avec le bacillus pyogenes bovis, et avec celui de l'adénite caséeuse du mouton.

Il se cultive dans les litières, les fumiers, les milieux humides ; et, à la faveur d'une plaie quelconque, s'introduit dans l'organisme pour y provoquer des désordres en relation avec la résistance des sujets.

Ce bacille est polymorphe : il se cultive bien en bouillon simple, sans voile, mais donne lieu à un dépôt abondant, et prend souvent les caractères de cocci. Sur gélose, il donne des colonies blanchâtres, régulières, à contours nets ; sur pommes de terre simples ou glycérinées, il donne des cultures blanches, luisantes, épaisses. L'addition de sérum, de lait et de sang, favorisent l'évolution des cultures. Il prend le Gram. Son inoculation provoque la reproduction des abcès chez les sujets d'expériences ou chez le porc, et le microbe reprend dans ces abcès la forme bacillaire, les bacilles étant parfois disposés en dents de peigne (Langrand). Chez le porc, l'infection se généralise facilement.

Voici, en effet, dans quelles conditions et circonstances on voit l'infection purulente se développer dans les porcheries d'élevage ou d'engraissement.

*Symptômes.* — 1° *Forme aiguë.* — *Infection généralisée.* — C'est peu de jours après la naissance, vers huit à dix jours, qu'on voit les premières victimes ; c'est par le nombril, ou mieux la plaie ombilicale que les petits sujets contractent cette affection en milieu infecté.· Ils sont généralement superbes et frais à la naissance, mais si le *Bacillus pyogenes suis* se trouve dans les litières, il souille

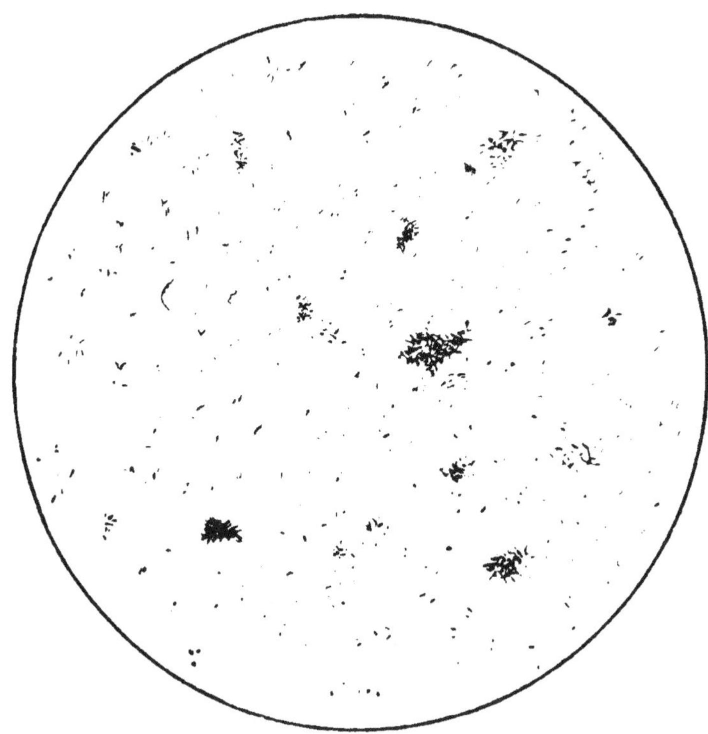

Fig. 74. — *Bacillus pyogenes suis.*

la plaie ombilicale, pénètre dans l'appareil circulatoire par la veine ombilicale et la grande circulation veineuse de retour, dès ce moment la maladie est réalisée.

Dans les morts rapides, les animaux ne présentent pour ainsi dire pas ou peu de localisations ; ils deviennent tristes, toussent, avec jetage muqueux, sont pris de diarrhée blanche, continuent à téter, mais leur état général devient rapidement mauvais ; le poil est piqué ; la démarche est titubante, la peau paraît sale ; elle se couvre bientôt de véritables boutons suintants et suppurants gris noirâtres ou croûteux qui apparaissent d'abord sur les oreilles, puis sur le dos et tout le corps.

Il n'y a jamais de taches ou plaques rouges, rouge-brique ou rouge violacé, comme dans les maladies rouges, la mort survient après quelques jours, alors que l'appétit a été conservé jusqu'à la fin ou à peu près.

A l'ouverture des cadavres, les lésions sont bien vagues, mais cependant suffisamment caractéristiques pour des personnes averties. La cavité abdominale est généralement peu enflammée; le péritoine peut bien paraître un peu congestionné, mais c'est en somme sans signification. La véritable lésion intéressante porte sur les vaisseaux ombilicaux, la veine ombilicale, en particulier, que l'on rencontre souvent remplie d'un pus épais, crémeux, verdâtre, dénonçant l'origine de l'infection. Si l'on n'est pas averti, cette lésion peut passer inaperçue, puisqu'elle est renfermée à l'intérieur même de la veine ombilicale qui est fort petite et c'est alors que l'on n'enregistre que les lésions secondaires relevées dans l'abdomen, la cavité thoracique, dans la masse des muscles et sur la peau.

L'intestin est congestionné avec une muqueuse rougeâtre épaissie, ce qui explique la diarrhée ; les poumons sont congestionnés, splénisés ou hépatisés et frappés d'une sorte de pneumonie lobulaire avec masses caséopurulentes du volume d'une lentille à celui d'une noisette ou plus: Le foie est lui-même parfois atteint, la rate et les reins très généralement indemnes.

Chez les sujets qui résistent plus longtemps, mais chez ceux-là seulement, des lésions identiques peuvent se trouver dans l'épaisseur des muscles, dans l'épaisseur de la peau, de préférence autour de la bouche, dans l'épaisseur des lèvres ou vers les parties saillantes des boulets, des coudes, des jarrets, des grassets, des hanches, etc... La peau et les tissus sont mortifiés par places, ou bien il s'est développé de petits abcès mal délimités à contenu épais et caséeux, d'aspect gris verdâtre, et c'est au niveau de ces régions qu'apparaissent les sortes de boutons

Fig. 75. — Infection purulente chez le porc (Pyobacillose).
Abcès de la région de l'épaule.

superficiels recouverts de croûtes gris sale ou noirâtres.

Fig. 76. — Infection purulente chez le porc (Pyobacillose).
Abcès de la région du flanc et des membres postérieurs.

Lorsqu'un jeune sujet d'une portée d'élevage est atteint,

il est exceptionnel qu'il soit frappé seul, la plupart des autres sujets vivant dans le même milieu infecté sont atteints à leur tour, contractent la maladie dans les mêmes conditions et succombent ordinairement vers l'âge de quinze jours à un mois.

Les premiers cas de mortalité sont toujours d'allure plus rapide que les derniers, c'est la forme septicémique de l'infection; et si plus tard de nouvelles naissances se produisent dans le même milieu non désinfecté, les mêmes accidents réapparaissent chez les jeunes, alors que les mères restent absolument bien portantes, comme réfractaires à l'infection qui décime leur progéniture.

2º *Forme subaiguë. — Infection localisée.* — Chez les animaux plus âgés, de trois à cinq mois, l'allure de la maladie, due à la même cause, est à marche beaucoup moins rapide, moins grave et avec des symptômes différents. Chez un sujet en apparence vigoureux et bien portant jusque-là, on voit survenir un peu de tristesse, de la gêne de la marche, puis une ou plusieurs boiteries, de l'amaigrissement et une modification de l'état général. Le malade paraît arrêté dans sa croissance, tout en conservant l'appétit.

Si l'on explore les membres boiteux, on décèle de la chaleur et de la sensibilité localisées en un ou plusieurs points sans modification de la couleur locale de la peau ; puis d'ordinaire sur l'avant-bras, la région des boulets, des genoux, des grassets et plus rarement en d'autres points apparaissent des tuméfactions qui ne sont autre chose qus des abcès en évolution. Ces abcès, du volume d'une noix, d'un œuf, du poing, à contenu très épais, caséeux, ressemblant à une espèce de mortier légèrement teinté en vert, sont peu fluctuants, difficiles à diagnostiquer pour une personne non exercée.

Les malades souffrent plus ou moins selon le siège de la localisation, assez souvent les abcès gagnent en profondeur vers les cavités synoviales ou articulaires, provoquant l'évolution de synovites ou d'arthrites suppurées économiquement irrémédiables.

L'appétit diminue, les malades restent couchés, ont la peau sale, les soies sèches, raides et grises, la mort survient tardivement après quelques semaines ou même quelques mois de souffrances, quand un traitement approprié et des précautions spéciales ne sont pas appliqués.

Si un cas de cette autre forme de la maladie causée par le *Bacillus pyogenes suis* apparaît isolément, cela est de peu d'importance ; mais, s'il s'agit d'un sujet vivant dans une grande porcherie, c'est très différent, la mortalité peut aller jusqu'à 20 p. 100. C'est qu'en effet certains sujets sont pris dans la suite exactement dans les mêmes conditions, parfois à des semaines de distance, lorsque des mesures d'isolement et de désinfection ne sont pas venues dès le début détruire les premiers foyers de contagion créés par la présence des premiers malades.

Fort souvent les malades ne sont pas conservés et abandonnés jusqu'à leur mort naturelle ; ils sont l'objet de soins spéciaux ou alors sont sacrifiés avant la fin de leur croissance, dans le seul but économique de sauver leur valeur marchande ou de préserver le reste de l'élevage.

Mais, même avec des soins assidus et bien entendus, on n'est pas toujours sûr du succès, parce que les abcès peuvent évoluer non seulement vers la peau, mais aussi dans l'épaisseur du lard, dans les muscles, vers les articulations, le long de la colonne vertébrale et jusque dans les os, c'est-à-dire en des points inaccessibles à toute médication non spécifique.

3° *Forme chronique. — Adénite caséeuse.* — Une dernière forme enfin de la même maladie ne se constate plus qu'à l'abattoir, chez des sujets arrivés au terme de leur évolution économique, et chez lesquels parfois on n'a jamais rien relevé d'anormal au cours de leur existence.

L'inspection sanitaire découvre alors, après l'habillage, dans l'épaisseur des tissus, assez souvent au niveau des ganglions, la présence d'abcès collectés, enkystés, de volume variable, à contenu toujours caséeux plus ou moins gris verdâtre enveloppé dans une coque épaisse. La présence de ces lésions entraîne naturellement des saisies totales ou partielles, selon le volume, le nombre et l'étendue des abcès ; mais c'est, pourrait-on dire là, la forme la moins grave de la maladie qui nous occupe, puisqu'elle n'entraîne que la perte purement fortuite d'unités qui n'ont pas toujours été reconnues malades de leur vivant.

*Diagnostic*. — Le diagnostic de cette affection, l'une des plus graves et des plus fréquentes que l'on puisse rencontrer sur les animaux de l'espèce porcine, est en somme très facile lorsqu'on est averti ; car il n'y a que chez les porcelets qu'elle pose parfois un problème de recherches de laboratoire pour découvrir la nature de l'agent causal.

Et encore, lorsque l'on connaît bien l'évolution des symptômes et l'aspect des lésions, le diagnostic clinique peut-il être porté avec beaucoup de chances de certitude sans la recherche du bacille spécifique.

*Pronostic*. — Le pronostic est particulièrement grave, puisqu'il peut entraîner une mortalité très élevée chez les jeunes, une mortalité de 20 à 25 p. 100 chez des sujets de trois à cinq mois, ou la saisie par mesure de salubrité chez des sujets engraissés pour la consommation. Le pronostic est encore particulièrement grave, parce que cette maladie, chez les jeunes surtout, est très souvent confondue avec la pneumo-entérite infectieuse (maladie rouge, forme peste porcine ou forme pneumonie contagieuse) ou la variole. Il est grave enfin parce qu'il s'agit d'une infection dont les conditions de propagation diminuent avec l'âge des individus, mais dont les chances de diffusion sont particulièrement faciles chez les nouveau-nés, c'est-à-dire à la source même de l'espèce.

Il est donc fort intéressant de la bien connaître, pour savoir à quoi s'en tenir en toutes circonstances.

*Traitement*. — Que peut-on et que doit-on faire? Prévenir sinon guérir toujours, voilà la formule actuelle.

Nous n'avons pas de traitement spécifique, et l'on n'a jamais à ma connaissance tenté ni vaccination ni sérothérapie. Et cependant, s'il s'agit là d'une maladie d'importance secondaire pour les élevages isolés; il en est tout autrement pour les élevages industriels.

Serait-il très utile d'avoir une méthode de vaccination, si elle était réalisable? peut-être ; un traitement spécifique sérothérapique serait, je crois, plus utile. Mais nous ne sommes pas désarmés au point de vue traitement.

Évidemment, lorsqu'il s'agit de saisies d'animaux adultes qui n'ont jamais présenté aucun signe de maladie durant leur existence, nous n'y pouvons rien; ce sont là des pertes limitées et partielles qui rentrent dans la série des aléas imprévus de l'élevage.

Lorsque, au contraire, nous nous trouvons en présence d'abcès extérieurs avec complications variables, tous les vétérinaires avertis sauront que l'on peut guérir la plupart des malades et éviter le retour de pareils accidents sur les autres sujets de l'élevage en prenant les précautions suivantes :

1º Isolement des atteints ;

2º Large débridement des collections purulentes et traitement antiseptique énergique des cavités pyogènes, ainsi que des lésions de complication ; pansements à l'eau oxygénée, à la teinture d'aloès, à l'eau iodée, etc.

3º Désinfection à fond des loges qui ont abrité les malades.

En suivant rigoureusement ces prescriptions, on n'a que des individualités à traiter, on évite les épidémies de porcheries; mais, si on les néglige, au contraire, ou si on ne les applique qu'à peu près, la maladie frappe un nombre limité de sujets, il est vrai, 25 p. 100 environ, mais se perpétue durant des mois et des mois dans le même milieu.

Enfin, lorsque l'on est en présence d'animaux particulièrement jeunes, qui sont très sensibles et qui peuvent succomber en très grand nombre puisque les portées disparaissent souvent en entier, c'est là plus qu'en aucune autre circonstance qu'il faut agir énergiquement. Les petits malades peuvent être traités individuellement selon les lésions qu'ils présentent, mais, comme ils ont le plus souvent

16.

la forme septicémique et que, d'autre part, il est fort difficile d'intervenir par une médication quelconque même intraveineuse ou sous-cutanée sur d'aussi petits animaux encore à la mamelle ou à peine sevrés, c'est à éviter le retour de l'affection sur d'autres sujets à naître qu'il faut surtout s'appliquer. La séparation absolue des malades et des sujets sains est de toute nécessité s'ils sont sevrés; la désinfection des loges abritant les malades est de rigueur, de même qu'il est utile en plus de pratiquer de la désinfection quotidienne des litières par des pulvérisations antiseptiques phéniquées. crésylées ou autres.

Je sais fort bien qu'il s'agit là de précautions que l'on juge généralement tout à fait superflues, lorsqu'il s'agit de simples cochons, que ce soit dans des élevages limités ou des élevages industriels; mais, au point de vue de l'hygiène, il n'y a pas à tenir compte des préjugés, et tout ce qui peut avoir une portée utilitaire et économique doit être mis à profit. Eh bien, même pour des petits cochons, il est utile de prendre des précautions, car il s'agit là d'une affection dont on peut fort bien limiter les ravages et éviter les retours offensifs.

Il y aurait même utilité, en milieu suspect, de prendre pour les nouveau-nés les précautions que nous recommandons si souvent contre les infections ombilicales des veaux, c'est-à-dire les badigeonnages antiseptiques du nombril à la glycérine iodée forte, par exemple, jusqu'à cicatrisation de la plaie ombilicale.

# TABLE DES MATIÈRES

## Les maladies du porc.


Pages.

Porcheries................................................... 3
Choix et utilisation des truies de reproduction............... 8
Mise bas, allaitement, sevrage............................... 10
Le régime de la pâture....................................... 15


## De la castration.


Castration du verrat et du porcelet.......................... 17
Castration des cryptorchides................................. 20
Accidents de castration (abcès, érysipèle, tétanos).......... 21
Castration de la truie....................................... 23
Bouclement du porc........................................... 29


## Maladies de l'appareil digestif.


Constipation................................................. 31
Diarrhée simple.............................................. 34


## Maladies de la bouche.


Muguet chez le porcelet...................................... 38
Glossite, stomatite pseudo-aphteuse.......................... 39
Scorbut du porc.............................................. 41
Stomatite diphtéritique...................................... 43


## Maladies de l'estomac, de l'intestin et du foie.


Indigestion.................................................. 46
Jaunisse. Gastro-entérite.................................... 47
Hépatite infectieuse des porcelets........................... 48
Gastro-entérites toxiques.................................... 51
Intoxication par le carbonate de soude....................... 52
Intoxication par le sel marin ou la saumure.................. 53
Intoxication par les pommes de terre germées................. 53
Empoisonnement par le phosphore.............................. 54

## Parasites de l'appareil digestif.

Pages.

Échinococcose du foie.................................................... 56
Distomatose............................................................. 58
Entérite vermineuse, helminthiase intestinale........................... 61
Imperforation de l'anus................................................. 65
Renversement du rectum.................................................. 67
Ascite.................................................................. 70
Pneumatose mésentérique................................................. 71

## Maladies de l'appareil respiratoire.

Coryza aigu contagieux.................................................. 73
Angines................................................................. 75
Angine diphtéritique.................................................... 79
Congestion pulmonaire................................................... 81
Bronchite, pneumonie, pleurésie, pleuro-pneumonie....................... 83
Broncho-pneumonie vermineuse du porc.................................... 86
Pneumonie enzootique des porcelets...................................... 89
Broncho-pneumonies spécifiques du porcelet.............................. 90

## Maladies de l'appareil locomoteur.

Cachexie osseuse........................................................ 93
Ladrerie du porc........................................................ 116
Trichinose.............................................................. 127

## Maladies du système nerveux.

Abcès de l'encéphale.................................................... 134
Chorée.................................................................. 135
Convulsions épileptiformes.............................................. 135

## Hernies.

Hernies congénitales :
    Hernie inguinale du porcelet........................................ 139
    Hernie ombilicale................................................... 141
Hernies acquises :
    Hernies abdominales................................................. 143

## Maladies de la peau.

Érysipèle............................................................... 146
Phtiriase............................................................... 147
Gale sarcoptique........................................................ 150

Pages.

Gale démodécique.................................................... 153
Impétigo du porc.................................................... 154
Eczéma des nouveau-nés............................................ 155
Urticaire du porc................................................... 156
Sclérodermie....................................................... 157

### Appareil urinaire.

Néphrites et pyélo-néphrites........................................ 160
Hydronéphrose et dégénérescence kystique........................ 162
Lithiase urinaire................................................... 163

### Appareil génital.

Des avortements.................................................... 166
Accouchements laborieux, dystocies............................... 168
Accidents de parturition :
    Renversement utérin........................................... 170
    Hémorragie post partum....................................... 173
    Éclampsie..................................................... 173
    Septicémie de parturition, métro-péritonites, métrites....... 174
Mammites........................................................... 176
    Mammite enzootique des truies................................ 179
    Mammite tuberculeuse ......................................... 179
    Mammite actinomycosique...................................... 180

### Maladies infectieuses.

Des maladies rouges :
    Rouget du porc................................................ 182
    Peste porcine................................................. 195
    Pneumonie contagieuse du porc................................ 201
    Entérite infectieuse (typhus et paratyphus).................. 210
Variole du porc.................................................... 217
Fièvre aphteuse.................................................... 219
Fièvre charbonneuse................................................ 222
Tuberculose du porc................................................ 225
Infection purulente du porc (pyobacillose)........................ 236

CORBEIL. — IMPRIMERIE CRÉTÉ.